JN269408

裸のフクシマ

原発30km圏内で暮らす

たくきよしみつ
Yoshimitsu Takuki

講談社

まえがき

フクシマは、ヒロシマ・ナガサキ以上に有名になってしまった。

日本には現在18ヵ所55基（もんじゅを含む）の原子力発電所があるが、発電所名に県名をそのまま使っているのは福島と島根しかない。この名称の付け方が、すでに福島県の「セキュリティの甘さ」を物語っている。

浜岡原発が静岡県に、玄海原発が佐賀県にあることを知らない日本人は結構いる。チェルノブイリがロシアではなくウクライナにあることを知らない日本人も多い。もしも、福島第一原子力発電所が、他の原発同様に「大熊双葉原発」という名前だったら、いま、福島県の人たちが抱えている苦痛は、ほんの少しだが軽減されていたかもしれない。


いま、僕は、この文章を福島県双葉郡川内村の自宅で書いている。

この家と土地は、２００４年末に手に入れ、引っ越してきた。きっかけはその年の10月23日に発生した中越地震だった。

終の棲家とするつもりで越後の豪雪地帯に買った古い家を十数年かけて手を入れ、ようやく本格的な引っ越しもできると思っていた矢先の被災だった。十数年かけてこつこつと直してきた家は完全につぶれた。集落は「この土地には二度と家を建ててはいけない、住んではいけない」という条件を呑んで集団移転を決めてしまい、消滅した。

すべてを失ったまま新年を迎えるのは嫌だと、あちこち引っ越し先を探し、この阿武隈の山奥にあった売り家を見つけて移り住んだ。

仕事は物書きや作曲などの創作活動がメインで、勤め人ではないから、山奥で暮らすことそのものの不便はほとんどない。しかし、高速通信環境は必須なので、村にBフレッツが開通する2008年2月までの3年余は、川崎市の仕事場と行ったり来たりの二地域居住だった。Bフレッツが開通してからは仕事上の不便もなくなったので、完全に川内村の家に引きこもっていて、首都圏に出て行くのは年間数週間しかない。

この我が家は福島第一原発からは約25キロメートルの場所にあり、2011年9月現在お上から「緊急時避難準備区域」というありがたい名前をつけていただき、区分けされている。

何か起きたらすぐに逃げられるようにしておいてね。すぐに逃げられるようにするために、子供や病気の人、障碍者はこの区域にはいちゃダメだよ。だから、学校や病院は再開させないよ。健康な大人は、どうしてもいたいというならいてもいいけれど、何かあっても知らないからね。自己責任でそこに居残ることを決断したということを忘れないでね。

……とまあ、こんなふうに決められた区域なのである。

食卓の上に置きっぱなしになっている放射線量計は、いま見たら、0・38マイクロシーベルト／時を示している。家の中は大体こんなもので、低いときで0・28マイクロシーベルト／時、高いときで0・48マイクロシーベルト／時くらいを指す。

外はもう少し高い。セシウムがたっぷり染みこんでいるらしいウッドデッキの上は1マイクロシーベルト／時以上ある。

3月下旬に「一時帰宅」したときは、外は2マイクロシーベルト／時を超える場所がたくさんあり、家の中でも1マイクロシーベルト／時を超えることがあったから、あの頃に比べるとずいぶん下がった。しかし、ここひと月は下がらないどころか、天候によっては高くなるときもある。

ざっくりと、家の中、外、そして内部被曝など全部合わせて平均0・5マイクロシーベルト／時被曝しているとすると、年間被曝量が4ミリシーベルトを超える程度の環境に住んでいるわけだ。

せっかく人類史上初めてとも言えそうな貴重な経験をさせてもらっているのだから、2011年の「フクシマ」を、原発30キロ圏内の川内村という「現場」からの目でしっかり記録しておきたい。

そう思って本書を書き始めたところだ。

本書を手にしてくださったみなさんの多くは福島以外の場所で暮らしていらっしゃると思う。福島原発震災についてのリポートはすでにたくさん出ているし、今後も出てくるだろうが、そうしたものとはかなり違う内容に驚かれるかもしれない。

福島の中からしか見えない事実、報道されない現実を、幸か不幸か、僕は直接体験して知っている。テレビではあんなふうに伝えていたけれど、実際にはこうだったんだよ、という事実もご紹介できる。

「現場」に暮らしていて、日常が非日常に変わっていった様子を見ているわけだから、外から取材に入って、いきなり「非日常」部分だけを見た人たちとは違う視点でお伝えできるはずだと思う。

事実を知れば知るほどやりきれなくなるけれど、かといって、騙されっぱなし、隠されっぱなしでいるのは悔しい。

……そういう姿勢で書いていきたい。

目次

第1章　「いちエフ」では実際に何が起きていたのか？

揺れる我が家を外から見ていた

２０１１年3月11日。公式記録によれば、時刻は午後2時46分だったそうだ。

そのとき、僕は日課になっているジョンのお散歩の途中だった。

ジョンはお隣の犬（♂・雑種・5歳くらい）だが、僕がお散歩係で、毎日家の近所を散策しながら1キロから3キロくらい一緒に歩いている。

その日もすでに一回りして、近所の独居老人・まさおさん（仮名・70代）と立ち話をして、我が家までやってきたところだった。何もなければ、そこで一息入れてから、もう一回りしてお隣まで戻り、ジョンをつないで今日の散歩は終わり、仕事に戻る……というところだったが、我が家まで来たところで、家の中にいた妻が掃き出しの窓越しに「緊急地震速報よ」と言った。

つけていたテレビからウインウインという警報音らしき音が聞こえていると思う間もなく、強い揺れが来た。

今まで経験したことのない強さ、そして長さ。

すぐに腰に下げているデジカメを取り出して、〈動画〉にダイヤルを合わせ、スタートボタンを押し、目の前で激しく揺れる家を撮り始めた。

なかなか揺れが収まらない。サッシ窓が大きくたわむ。隣接した離れ（6坪の木造仕事場）は、グニャグニャとこんにゃくのように歪んで見える。

これは絶対に窓ガラスが割れるだろう、後始末が大変だ……などと思いながら、カメラを構えたままジョンと一緒にそこに立ち尽くしていた。

ようやく揺れが収まり始めた。

幸い、建物は無傷だった。ガラスも割れなかった。

ただ、家の中はひどかった。冷蔵庫は移動してドアが開き、トールボーイ型スピーカーは2台とも倒れ、あちこちで物が散乱。

間断なく大きな余震が続くので、ものを片づけることもできない。

地震発生と同時に停電したが、数分で復旧したので、テレビをつけっぱなしにして情報が集まってくるのを待った。

余震がある程度収まったのを見計らい、とりあえずジョンをお隣に戻して鎖につなぎ、両隣（といってもどちらも視界には入らない距離）の家の安否を確認した。

奥の家にはひとり暮らしのきよこさん（80代）、ジョンの家にはふさこさん（80間近）という2人のおばあさんがいる。幸い、ふさこさんのほうは孫2人が帰ってきていたのでひとりではなかった。きよこさんも無事だった。

揺れてもすぐに外に飛び出さないようにと言って、我が家に戻った。

両隣の無事も確認できたので、とりあえず動いてしまった冷蔵庫を元に戻したり、最低限の片づけをしながらテレビを見ていた。

撮影したはずの動画は映っていなかった。シャッターボタンを2度押ししてしまったらしい。

滅多にないチャンスだったのに悔しい、などと、そのときは思ったのだが、次第に、とんでもない映像がテレビに映し出されるにつれ、我が家が揺れる映像など、たとえ撮れていたとしても何の価値もなかったことを思い知らされることになる。

原発のことは最初から気になっていた。

しかし、福島第一、第二、女川《おながわ》すべてが自動停止したというニュースを見て、ほっとしていた。

地震と同時に、携帯電話（au）は不通になった。

つながりにくいというのではなく、遮断され「圏外」表示になったまま。

auだけかと思ったが、ドコモも同じだったと後から知った。

固定電話（NTTの「ひかり電話」）は通じていたので、固定電話から親父のケータイにかけたところつながり、2～3分話ができた。親父は横浜駅に近い高台のマンションに一人住まいだが、そのときは趣味の短歌の会に参加していた。

ケータイの向こうから「おや、こんにちは。なに?」なんてのんびりした声を出しているので、「関内駅の壁が崩れ落ちているってニュースで言っているよ」と教えたら、「え? ほんと?」と、初めて少し不安そうな声になった。

通じたのはそれっきりで、その後はずっと連絡が取れなくなった。

夜になり、テレビでは津波や火災のすさまじい映像が次々に流れ始めた。

これは万単位の死者が出たと確信すると同時に、自分たちが無事だったことに感謝した。

いま、外は混乱しているだろうから、そんな中に出ていくのは二次災害に巻き込まれるだけだ。こういう災害時には、都会より過疎地のほうがはるかに安全であることは間違いない。

あれだけの揺れにも、我が家は無傷だった。もともとこのへんは岩盤層で、地盤が固い。阿武隈地方は地震には強いと聞いていたが、実際それが証明された形だった。

6年半前、新潟で震度7の地震で家が全壊した経験から、ここに引っ越してくる際には地震に強い土地というのも条件のひとつにしていた。

川内村の面積は千代田区の17倍。川崎市の1・4倍。そこに人家は約1000戸しかない。水道はない。我が家にないという意味ではなく、村に水道というものがない。役場も小学校もすべて井戸を使っている。住民は自分の金で井戸を掘ったり、沢水を利用するなどして飲み水、生活水をまかなっている。だから、電気が来ている限りは断水も起こらない。

米と野菜は十分にある。長期に孤立しても飢えることはない。広い土地に人はパラパラとしかいないから、集団パニックも暴動も起きようがない。

逃げる必然性がない。

どこよりもここにいるのが安全だ、という確信があった。

その夜、余震が続いている中で、僕は高いびきで（妻の証言）寝ていた。

通信不能になることの恐怖

問題は原発だった。

老朽化した福島第一原発では、昨年から無謀にもプルサーマルまで始めている。

第二原発もひどい状態だという情報もネット上で流れていた。

うちは第一原発からは25キロ、第二原発からは22キロくらいの場所にある。第一原発のすぐそばにある大型安売りショッピングセンター「プラント4」や、第二原発そばのヨークベニマルにはよく買い物に行く。川内村にはスーパーマーケットはないので、住民はみなこれらのスーパーに行く。20キロ、30キロというと都会ではとんでもない距離のように感じるが、過疎地ではごく普通の買い物圏だ。

友人のひとり、獏工房（アート木工家具の工房）のまもるさんのところに放射線測定器があったのを思い出し、メーリングリストで「数値に異常は出ていませんか？」と訊ねたところ、「今のところ平常値ですけど、異常が出たらいちいち報告なんかしないで真っ先に逃げますのであしからず」という返事だった。

放射線測定器を持っているなんて、変な人だと思っていたのだが、このときばかりは自分の甘さが恨めしかった。

その頃、山の向こう側、第二原発がある富岡町や、第一原発がある大熊町、双葉町では、想像を超えた悲劇が進行中だった。

奥のきよこさんの娘・ふみこさんは、仕事で富岡町にいたが、そのときのことを後に克明に話してくれた。

僕らが家でお茶を飲みながらテレビを見ていたとき、富岡町の海沿いは津波で消滅していた。

津波はＪＲ常磐線の富岡駅を完全に水没させ、さらに富岡川を逆流して、町の中心部をも水浸しにした。いつも買い物に行っているヨークベニマルも1階部分は水浸しになった。

人々は大混乱の中逃げ出したが、道はどこも大渋滞で動かない。

川内村と富岡町は、県道36号小野富岡線(通称さんろく線)で結ばれているが、このルートが大渋滞で動かなくなり、川内村方向に向かった人たちは、あちこちの抜け道、横道を探りながら、ほとんど動けないまま、夜を迎えた。停電でまっ暗な夜だ。

ふみこさんがようやく川内村に戻れたのは夜中だったが、トンネルを抜けた途端に村に灯りがついているのを見て、え? ここには電気が来ているの? と驚いたという。

そんなことも知らず、僕らは普通にテレビを見ながら晩飯を食い、寝ていた。

しかし翌日、いちばん考えたくなかった事態が起き、状況は一変する。

午前中、つけっぱなしのテレビから、ぎょっとするようなフレーズが耳に飛び込んできた。

「……福島第一原子力発電所では非常用電源が動かず……」

まさか!

背筋が寒くなった。

原発で電源喪失している? 嘘だろ、おい。電気使えなかったら冷やせなくなるじゃないの。空焚きになって爆発しちゃうんじゃないの?

頼むよ、冗談だろ。

それでもまだ、このときは「最悪の事態」を想像しようとしなかった。あまりにも恐ろしくて、考えることを拒否していたのだ。

いくらなんでも原発が爆発するなんてことはないだろう。電力会社もそこまでバカではないはずだ。そう信じたかった。

不安が深まる中、午後、ネットが不通になった。

ルーターを再起動させたら、ひかり電話まで不通になった。

電話がつながらないことよりも、ネットが遮断されたことが痛かった。それでも、これは一時的なもので、すぐに復旧すると思っていた。

つけっぱなしのテレビからは、刻々と深刻な状況が伝わってくる。
○○県、死者25名。亡くなったかたのお名前は……などと報じているが、映し出されている映像からは、すでに死者が万単位に上ることははっきりしている。一人一人氏名を読み上げられるレベルの数ではない。
メディアも政府も、事態の深刻さをいまだに呑み込めていないのではないかと苛立った。

これは本当にやばい……。

1時間以上も隠されていた最初の爆発映像

ネットはなかなか復旧しなかった。

このままだと、情報入手手段はテレビだけになってしまう（我が家は山の陰なのでラジオの電波は入らない）。こちらからの情報発信もできない。

そんな中、妻は奥のきよこさんの様子を見に行った。

きよこさんの夫のちゅうごさんが一昨年亡くなってからは、妻は2日と空けず、夕方になるときよこさんの様子を見に行き、お茶を飲んで帰ってくる。僕が毎日ジョンとお散歩をするように、夕方、妻がきよこさんとお茶飲み話をするのは日課になっていた。

家にひとり残った僕はテレビからの情報を注視していた。

このままネットがつながらない状態が長期化すると仕事もできないので移動しなければならない。

移動するとしたら、川崎市にある仕事場しかない。しかし、前夜の帰宅難民映像をテレビで見ていたし、いま、都会に移動するのは躊躇《ためら》われた。地震で道も壊れているし、移動は危険すぎる。やはりここに残ってネットが回復するのを待つしかないか……。

とにかく原発情報だけはリアルタイムでチェックしていなければと、つけっぱなしのテレビの音声に耳を傾けていたが、次第に言いようのない圧迫感、違和感を感じ始めた。

まず、地元の地上波テレビが原発情報を流すまいとしているかのような挙動を始めた。

系列の中央局スタジオで原発関連の報道解説が始まると、画面が切り替わり、避難所や津波被災地の風景を映すのだ。単純に地元局が撮った映像をたくさん入れようとしていただけかもしれないが、結果的には原発の解説が遮断されてしまう。

仕方なく、そのたびに系列のBS民放に切り替え、中央局が発信している原発情報や解説を見ていた。

じわじわと不安が深まる中、テレビから唐突に、衝撃的な音声が流れてきた。

図1-1　1号機水素爆発の瞬間をとらえた定点観測カメラからの映像（福島中央テレビ放送画面より）

「今日の午後3時36分頃、福島第一原子力発電所で、爆発のような現象が起きました」

え？　何？　爆発「のような現象」？

テレビには、「のような」ではなく、建物がひとつ派手に爆発して消滅した映像が映し出されている。

「こちらがそのときの映像です。何かの破片が飛び散る様子も映っています」（図1－1）

「第一原発1号機で、午後3時半過ぎに、爆発音が聞こえ、白煙が上がったとのことです……」

「……こうした状況を受けて、原子力保安院は、午後4時から予定されていた記者会見を延期すると発表しました。この理由としては、首相官邸と調整した上で発表するためとしています……」

「……炉心を冷却する水の水位が急激に下がり続けるなど、不安定な状況が続いています。こうした状況で、燃料が溶け出す炉心溶融が起きている可能性があります……」

爆発？　炉心溶融？

冗談だろ、おい。もうダメだってことじゃないか、それは。

後にわかったことだが、この映像は福島中央テレビ（FCT）の定点観測カメラ（第一原発から17

キロ）が撮ったもので、今なお爆発の瞬間をとらえたメディア映像はこれしかないと言われている。この衝撃的な映像を最初に目にしたのはFCTのテロップ処理担当者で、すぐに同局内ニュースセンターに「原発から煙！」と伝えた。FCT報道部デスクはすぐにこれを所属するNNN系列のキー局である日本テレビに連絡した。しかし、日テレからの返事は「報道は情報を確認してから」、つまり「待て」というものだった。

このことを、後に酒巻和也・日本テレビニュース編集部長はこう語っている。

「これは一体なんなのか？　単なる水蒸気なのかそうではないのか。その分析をまずしようということでしたね。この映像の意味が報道されないことには、ニュースとしての意味がないという強すぎかもしれませんけど、ぼくらの仕事は、これは一体なんなのかということを視聴者にわかってもらうことなので、それができるまで、まず待とうという判断です」（福島中央テレビ『原発水素爆発　わたしたちはどう伝えたか』２０１１年9月11日放送。以下、証言などはすべて同番組より）

これに対してFCTは「原子力緊急事態宣言が出されている中で、地元のテレビ局としては、あの原発構内で起こっていることは些細な出来事でも異常があればすぐさま報じるべき」（小林典子報道部長）と判断して、15時40分に県内放送を決断。ニュース原稿なしで7分間、「先ほど1号機から大きな煙が出ました」という中継解説をしている。しかし、これもすぐに終わり、その後は別の内容に切り替えてしまったようだ。この7分の中継を僕は見ていない。

キー局の日本テレビが全国に放送することを決めたのは、FCTから知らされてから1時間以上経った16時49分だった。

「専門家の先生にまず見てもらって、一体これがなんなのかということを解析してもらえ、と。その上で、ちゃんと解析ができるということであればすみやかにやろう、と指示した」（前出・酒巻和也ニュース編集部長）

この「専門家による解析」を担当したのが、東京のスタジオに呼ばれていた東京工業大学原子炉工学研究所・有冨正憲教授だった。

有冨教授はこの映像への解説で「爆破弁」とか「補助建屋」という不思議な言葉を使って訳のわからない解説をしたことで後に有名になった。

「これは希望的観測ですが、原子炉建屋が破裂したのではなくて、補助建屋が何らかの形で『爆発』したんだろうと……」

いまだからこそトンデモ解説だと批判できるが、まあ、このときの彼の心境はよくわかる。日本の原発が吹き飛ぶ映像を見せられるなんて、誰も思っていない。「間違いだ！　これは何かの間違いだ！」という思いが、彼に爆破弁だの補助建屋だのという咄嗟の〝発明〟をさせたのだろう。

僕もそうだった。目の前で何度も繰り返し映し出される映像を信じたくなかった。

原子炉が爆発したんじゃない。隣の建物が爆発したに違いない。だって、原子炉が吹っ飛ぶなんて、あっていいわけないじゃないか……と。

しかし、どう見ても建物が消えている。認めないわけにはいかない。

信じたくなくても「原発が爆発した」のだ。

すぐに逃げなければならない。冷静になれ。

自分に言いきかせたものの、この爆発がいまから1時間半も前に起きていたという事実を知り、心臓が軽くバクバクし始めた。

爆発がいま起きたなら計算ができる。風向きは逆だから、すぐに放射性物質は飛んでこない。風上に向かってひたすら走れば放射能雲から逃げきれるかもしれない。

しかし、1時間半も前に起きていたというのだ。すでに我が家は高濃度の放射性物質に包まれているのかもしれない。外に出て行くより家の中に留まったほうが被害は少ないのではないか……いや、それではダメだ。一刻も早く、できるだけ遠くへ逃げなければ。

目に見えない、臭いもない、痛くも痒くもない。相手を感知できないということが、どれだけの恐怖なのか、このとき初めてわかった。

身の回りの物をまとめながら、妻の帰りを待ったが、全然戻ってくる気配がない。すでに家を出て1時間以上経っている。

マスクをして、奥のきよこさんの家に妻を迎えに行った。

奥の家までは登り坂なのだが、歩きながら呼吸が乱れた。いつも普通に歩いている道なのに、何か違う景色のように感じる。いま吸っている空気にどれだけの放射性物質が含まれているのだろうかと考えると、冷静さを失いかける。

きよこさんの家では、娘さんも一緒で、3人談笑しながらお茶を飲んでいた。

そこにマスクをした僕が血相を変えて現れたので、びっくりしたようだった。

原子炉が爆発したらしいこと。すでに大量の放射性物質が放出されたであろうこと。一刻も早く逃げなければならないことを告げた。

妻を連れ、家に戻り、つけっぱなしのテレビから流れる情報を聞きながら、逃げる準備をした。それでも、午後6時から首相官邸からの発表があるというので、それを見届けてからにしようと、待っていたのだ。

しかし、この発表がとんでもなかった。

風呂に入っていないせいで髪がいつもよりべたついた感のある枝野幸男官房長官は、歯切れの悪い口調でこうきりだした。

「大変お待たせをいたしました。すでに報道をされております通り、福島第一原子力発電所においてですね、原子炉そのもののもの、であるということは、今のところ確認されておりませんが、あ〜、何らかの爆発的事象が、あった、ということが、報告をされております。え〜、現在、先ほどの党首会談以降、え〜、総理、そして経産大臣を含めて、え〜、専門家を交えて、え〜、状況の把握と、そして分析、対応に、いま、全力で、あたっているところで、ございます……」

冒頭のこの言葉を聞いた瞬間、政府発表を待っていたことを激しく後悔した。

中身が何にもない。しかも、政府も何が起きたのか把握していないらしい。なんてえこったい。

爆発したのは3時半過ぎ。すでに2時間半も経過しているのに、爆発したのが原子炉本体なのか、それとも外の建物だけなのかということさえもまだ「確認されておりません」ときた。ちなみに、同時刻に経済産業省原子力安全・保安院（長いので、以下「保安院」）でも記者会見が行われていたが、これも「（日本テレビの）あの映像を見るしか具体的な情報を得られてないものですから……」と、まったく内容のない会見に終わっている。

はい、わかりました。政府発表を待っていたあたしがバカでした。

「行くぞ！」

妻にそう告げ、車に乗り、村を出た。

この間、できたことは極めて少なかった。

通ってくる野良猫のために洗面器2杯分のドライフードを置き、パソコンから重要なデータが入っているハードディスクを外してバッグに入れ……。

不思議なもので、慌てているのに、数日で戻って来られるような気がしていて、テレビの電源は切ったものの、留守録データの残っている録画機の電源は切らなかった。冷静に考えれば、もし原子炉ごと吹っ飛んでいるのであれば、この家にもう戻ってなど来られない可能性が高いのに、本気でそうは思っていないのだ。

その一方で、村の外では逃げ惑う人たちによる暴動が起きているのではないかなどと想像している。ナップザックに突っ込んだのは、水の入ったペットボトルや蜂蜜、うがい薬といった、どうでもいいものが多かった。これからサバイバル逃避行が始まるというイメージだったのだろう。

向かうのは川崎市の仕事場だが、高速道路がすべて使えなくなっていることはわかっていたので、とりあえず、白河市の外れにある神宮寺というお寺を目指した。

神宮寺の住職には、ついひと月前、僕を講師とした狛犬講演会を主催していただき、お世話になっていた。そこで休憩して、情報収集をしてからまずは東京へのルートを決めようと思ったのだ。

村の中は静かで、道路には車の姿もない。山を2つ越えて小野町に着くまで、すれ違う車も追い越していく車も1台もなかった。

外気導入をオフにして、車内でもマスクをしていたから、たちまち視界が曇ってきた。

小野町のコンビニで飲み水とおにぎりを買った。

マスクをしているのは僕たちだけで、みんなのんびりと買い物をしていた。

ここでケータイが受信可能になり、いくつかメールを受信し始めた。

そこで試しに神宮寺の住職に電話をしてみたところつながった。後から聞いたら、朝からほとんどつながらず、諦めていたところに呼び出し音が鳴ったので驚いたそうだ。運がよかったのだろう。

住職に状況を説明したところ、「では、今夜はうちで1泊して、明日、ゆっくりご出発ください」というありがたいお言葉が返ってきた。

途中、ラジオで、「爆発したのは建屋だけで、原子炉格納容器は無事だ」という情報を得たが、すでに政府発表をそのまま信じる気にはなれなかった。

寺に着くと、住職ご夫妻が温かく迎えてくださった。

断水していたのに、わざわざ離れた井戸から手桶で水を汲んで風呂場まで何往復もして、お風呂まで沸かして待っていてくださった。

本当にありがたかった。

ひどい余震が続く中、ラジオを聞きながら寝た。


翌朝、墓石や狛犬が無残に倒れた風景を見て、揺れの激しさを知った。

朝食をごちそうになり、８時頃、寺を出発。

混んでいるのがわかっている６号線には近づかず、国道１１８号線と２９４号線を使って東京を目指した。

途中、茨城県内では停電で信号機がついていない交差点が多数、断水でトイレが使えない道の駅などを経験。しかし、ダイソーには電池もマスクも山積みされていたので、すでに持ってはいたが少し買い足した。

これが千葉県に入ると、河川敷でのんびりゴルフをしている人がいたり、レストランが普通に開いていたりして、今通過してきた地域との差に驚いた。

結局、選んだルートがよかったようで、ほとんど渋滞を経験せずに明るいうちに川崎市の仕事場に着いた。

部屋の中は物は落ちていたものの、思っていたほどの惨状ではない。いまのうちに買い物に……と、近所のスーパーに行くと、早くも米とカップラーメンの棚は空っぽだった（図1－2）。ガソリンスタンドはどこも長蛇の列。400キロ近く走ってきたので、タンクの残りは20リットルほどだったが、給油は諦めた。

図1-2　川崎に着いた直後に入ったスーパーでは、米やカップラーメンの棚が空だった（3月13日夕方）

ここでようやく一息入れ、その日の夜からは連日ネットにはりついて情報収集・発信に明け暮れることになるのだった。

ツイッターとグーグルに真実を教えられた

仕事場に着いてからは、ネット、BS、CS放送を中心に情報を集めた。

一夜明けた14日にいきなり驚かされたのは、ツイッターに書き込まれたこんな情報だった。

「非常用電源が動かないのではなく、流されてないのだ。海側にあったポンプやタンクなどの設備が全部流されている！　政府がいくら隠しても、衛星写真が事実を突きつけている！」

貼り込まれたリンクをたどると、グーグルアース特別版が、福島第一原発の「津波前」「津波後」を比較した鮮明な衛星写真を公開していた（図１－３）。

海岸沿いにあったほぼすべての施設が消えて、一面茶色い瓦礫で埋め尽くされている。ぞっとした。

嘘だろ。こんなぐちゃぐちゃになった現場で何ができるというのか。

電源がない、注水する水もない、バケツリレーで海の水を運んでぶっかけるとでもいうのか

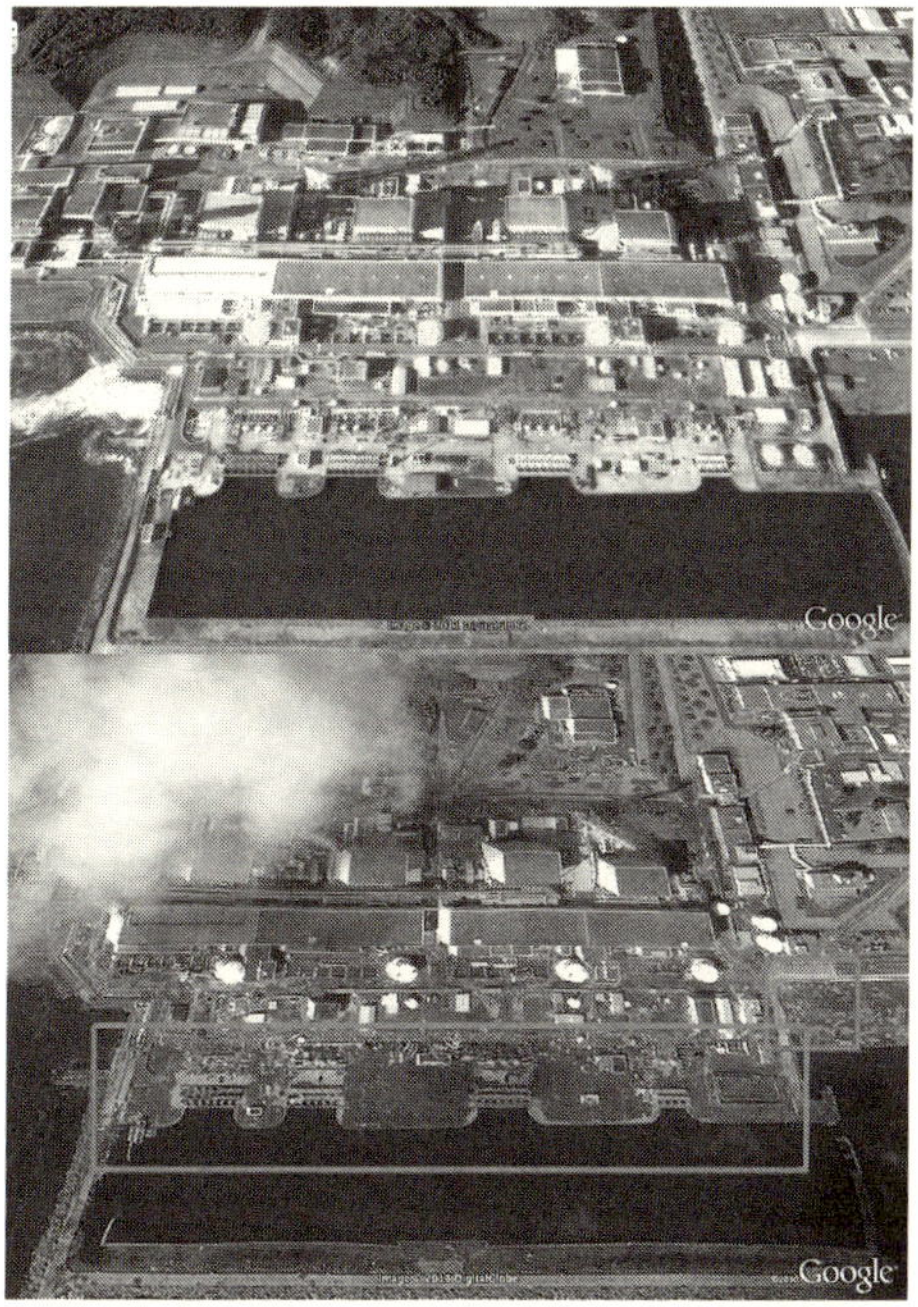

図1-3　津波前（上）と津波後（下）の福島第一原発（グーグルアース特別版より）

（実際、後に限りなくそれに近いことをしてくれたわけだが）。

何かの冗談ではないかと思った。きっと誰かがふざけてフォトショップで作り上げたインチキ写真だろう。

しかし、URLはちゃんとグーグルのものだった。

これは現実なのだ……。

それからは、続々と飛び込んでくるとんでもない情報を検証する作業に追われた。

そのとき原発では何が起きていたのか

福島第一原子力発電所のことを、地元住民や関係者は「1F《いちエフ》」と呼ぶ。福島第二原発は2F《にエフ》だ。呼びやすいので、ここからは僕もこの呼称を使うことにしたい。

地震が起きた3月11日午後から、1号機が爆発した12日午後にかけて1Fでは何が起きていたのか。

首相官邸ホームページが出している資料や、3ヵ月以上経って東電が発表した事故直後の状況調査結果報告書などを検証していくと、驚くべき状況が明らかになってくる。

詳細はすでに様々な媒体で報告されているのでここでは省くが、もう一度おさらいしておきたいポイントをいくつか列挙してみたい。

○地震発生と同時に受電機器が壊れ、津波が来る前にすでに外部電源は喪失状態だった。

○1号機では非常用復水器が自動起動したが、作業員が「温度が下がりすぎて危ない」と判断して手動で止めていた。
○中央制御室では非常灯と懐中電灯しか使えず、バッテリーやケーブルを急遽かき集めて水位計に接続し、なんとか原子炉水位だけでも読み取ろうという涙ぐましい作業がされていた。
○電源車は原発周辺に1台も待機していなかった。
○電源車が重すぎて自衛隊ヘリでは吊り上げられないことが判明した（そもそも「非常時電源供給用ヘリ」というものは存在していないのか。戦車や装甲車よりはるかに必要性が高いと思うが）。
○電源車が来たとしても、つなげられるのは2号機のみで、どっちみち1、3号機は受電機器が壊れてつなげられず、電源回復不能だった。

（以上、東電の発表資料、『週刊現代』『フライデー』『週刊文春』『ＡＥＲＡ』の3〜5月期発売の各号、『週刊エコノミスト臨時増刊「福島原発事故の記録」』『毎日新聞』特集記事などより）

この段階で、少なくとも1号機、3号機が炉心溶融して大量の放射性物質を環境中にまき散らすことは明らかだったのだ。

その過程で起きるのが再臨界による核爆発なのか、水蒸気爆発（チェルノブイリのときはこれ）なのか、水素爆発（論理的に予想されていたが、歴史上起きたことはない）なのか、それとも「チャイナシンドローム」（燃料が全部溶け、圧力容器、格納容器、さらには建屋の土台も突き抜けて地下へ落ちていく）なのかはわからない。

しかし、もはや日本列島が放射能に汚染されるのは避けられないことははっきりしていた。そのことをすみやかに発表して、付近住民の避難を開始させなければならないのに、1Fから3キロ圏内の住民に避難指示が出されたのは11日の21時23分だった。

3キロ圏などという甘いことでいいわけがないのに、官邸は事態の深刻さをまったく把握できていなかったのだ。

事態をいかに把握していないかは、経済産業省原子力安全・保安院（長いので、以下「保安院」）の内容のない記者会見ぶりにも表れていた。

保安院の最初のスポークスマンは中村幸一郎審議官（東大工学部卒）だった。この人は、3月12日午後2時の記者会見で、口ごもりながらも「燃料の溶融が始まっていると見ていい」と発言。その直後に1号機が水素爆発を起こしたが、爆発後の午後6時の会見では、「これからよく調べて、情報を入手して判断をする必要があるかと思います」と、内容のない答えを繰り返した。

中村審議官はその日の深夜にスポークスマン役を降ろされ、翌13日早朝5時半の会見では根井寿規審議官（東大理学部卒）が登場。いきなりこう言い放った。

「みなさまがたのご質問に、ある種責任のあるお答えができるほうがいいかな〜ということで、え〜、今後しばらくの間、ずっと最後までやると中越沖のときみたいになるんでね（ここで薄ら笑い）、え〜、やりたかないんですけども、基本的には当分の間、記者会見は私、審議官を務めております根井がやらせていただくように、これは幹部からの指示でそのようにさせていただくことにいたしました」

朝早かったこともあってこの映像を生で見ていた人は極めて少なかっただろうが、これには視聴者も会見場にいた記者たちも唖然とした。

根井審議官はこのときの会見で、「水位計のデータについては、あの表示を見て、これを信じて仕事をしていいのか……と。私どもは(東電が発表している)あの水位計で評価をしているつもりは毛頭ございません」と、炉心が空焚きになっていることを示す水位計データははなから信じていないと言い、さらには「水の注入が続いている限り心配はない」とも強調した。

すでに前日、1号機が水素爆発しているのに、信じられない能天気ぶり。

この最初の会見直後に根井審議官もすぐに交代させられ、それからは文系の西山英彦審議官(東大法学部卒)が記者会見の顔となり、省内での不倫スキャンダルが報じられる6月末まで、のらりくらり会見を続けていたのは、全国民が知っているとおりだ。

政府は保安院の役割を「国民を安心させるための装置」と考えていたのだろう。つい本当のことを漏らしてしまう技官は即座に外し、当たり障りのないことを滔々と述べる能力を身につけたアンサリングマシンのような人間を起用した。

事故後、保安院が果たした最大の功績は、国民に、とんでもない連中に命を託していたという現実を、生の言動で示したことだ。

全電源喪失に至る「想定外」のバカさ加減

すでに何度も指摘されているように、この事故最大のポイントは、絶対に停電させてはいけない原発施設で、完全に停電を起こしてしまったことだ。

原発施設内の電気は、原発が1基でも動いているときはそこで発電した電気をメインにしてまかなっている。しかし、全基が停止しているときは、外部から電気を供給しなければいけないし、停止中も原子炉や使用済み核燃料プールの冷却が停まると今回のような阿鼻叫喚《あびきょうかん》の地獄絵図になるため、外部からの電源がつないである。

で、保安規定第58条によれば、原子炉運転時においては外部電源（当該原子炉の主発電機を除く原子炉内発電機と発電所外からの送電線）が2系統動作可能であることが義務づけられている。

2系統というが、そのうち1系統が原発自前（他号機）の電力でいいということであれば、純粋な外部（発電所の外からの）電源は1系統でもいいということになる。

地面が揺れなくても、津波で水を被《かぶ》らなくても、原発というものは、停電を起こせば確実に壊れ、大量の放射性物質を外部にまき散らしてしまう。であれば、電源確保に関しては二重三重どころか、最低でも5系統以上は用意してあるものと思っていたが、そうではなかったのだ。

1〜4号機と5、6号機の外部電源は別系統で、どちらかがダメになってもどちらかが生きていれば相互に補完し合えることになっていた。

ところが、5、6号機につながっている夜ノ森線という外部からの送電線は、鉄塔が倒れたことで断線した。

ちなみにこのときの揺れの強さは、阪神淡路大震災の揺れ（最大加速度818ガル）より小さかった（最大で699ガル）。これは後に東電自らが報告書の中で認めている。

要するに、「想定外の天災」でもなんでもなかった。普通に考えれば当然やっておくべきことをやっていればなんとかなったのだ。

原発で停電が起きたら、国家が消滅するかもしれない事態になる。国家の生き死にを決める電源が、真の「外部」電源と呼べるものは1系統しかないし、非常用ディーゼル発電機は、津波どころかゲリラ豪雨でも水没しそうな地下にまとめて置いてあって、別の場所にバックアップさえなかった。

震源に近い女川原発（宮城県）には、1Fより高い津波が襲いかかったが、高台にあったために水没は免れた。

1Fの敷地はもともと女川と同程度の高さにある高台だったが、わざわざ削って低くしたところに建設していた。原発は岩盤の上に建設しなければならないという基準を満たすためだったというが、地下の岩盤まで基礎パイルを打ち込む際の深さを短くして建設費をケチったからだという説もある。

要するに、やるべきことをことごとくやらず、大切なところで金をケチりまくった結果の惨事。どれかひとつでもまともに対応していれば、今回の惨事は防げたはずなのだ。

前年6月にも2号機は電源喪失で自動停止していた

1Fに出入りしていたベテラン作業員たちは、以前から口々に「次に大きな地震が来たら、ここはもうダメだな」と言っていたそうだ。

実際、そう思わざるをえないようなお粗末で深刻な事故が次々に起きていた。

例えば、5、6号機に接続されている夜ノ森線という送電線は、3・11の地震で鉄塔が倒れて送電不能になったが、その前年、2010年7月に、保護装置の異常で送電が停まるという事故が起きている。

この程度は日常茶飯事。すごいのはその少し前、2010年の6月17日、2号機で発電機の異常を知らせる警報が鳴って原子炉が自動停止したという事故だ。

この事故は、東電の報告書にはこんな風に記されている。

1　事象の発生状況

平成22年6月17日午後2時52分頃、運転中の福島第一原子力発電所2号機（沸騰水型、定格出力78万4000キロワット）において、「発電機界磁しゃ断器1トリップ警報」が発生し、発電機の保護装置が作動して発電機が停止したため、タービンならびに原子炉が自動停止いたしました。

また、この事象にあわせて当該プラントの電源が停止し、非常用ディーゼル発電設備が自動起動するとともに、原子炉へ給水するポンプが停止したことから、原子炉の水位が一時的に低下しましたが、代替のポンプである原子炉隔離時冷却系を起動して給水を行い、現在、原子炉の水位は通常の範囲内で安定しております。

2 今後の対応

今後、原因について詳細に調査いたします。

さらっと書いているが、とんでもない内容だ。

〈原子炉自動停止↓非常用ディーゼル発電機起動↓原子炉への給水が停止↓原子炉の水位が低下↓原子炉隔離時冷却系を起動して給水〉

これは3・11の地震をきっかけにして起きたレベル7事故と経緯がそっくりだ。

最後の「原子炉隔離時冷却系(RCIC系)」というのは、主蒸気隔離弁が作動して原子炉が冷却不能状態になってしまったとき、炉心の崩壊熱で発生する蒸気の力だけでタービン翼を回し、復水貯蔵庫に溜めてある水を注水して炉心を空焚き状態から守るという、いわば最後の砦のようなシステム。これを作動させたということは、電源喪失した原子炉が一時的に注水不能になったということを意味する。

東電の事故報告書によれば、原因は、中央制御室で記録計の交換作業をしていたときに、作業員が10センチ隣にあった「発電所内の送電線系統安定化装置電源切り替え用補助リレー」なるものに触れてしまったことだという。その結果、リレーが誤作動し、2系統ある所内の送電系が同時に遮断。さらに外部電源にも切り替わらず電源喪失→原子炉自動停止となったというのだ。

問題のリレースイッチを素手で叩くなどして実験してみたところ、瞬間的にこのような動作をする（外部・内部電源共に遮断する）ことがあるということも確認された。

で、対策としては、とりあえずこのリレー装置は取り外してしまえ、ということになった。他にも、ケースに収納されておらず、リレーが剝き出しで設置されている装置があるから、そういうものは「今後、調査・抽出して、制御盤内で作業するときには触れたり衝撃を与えたりしないように注意する」と書かれている。

……なんですか、これは？

制御盤内には剝き出しのリレー装置がいくつもあり、ちょっと触ったり叩いたりしただけで誤作動し、原子炉の電源喪失が起きうると言っているのだ。だから今後は作業するときには注意してそういう剝き出しのリレー装置には触れないようにしますよ、と。

ある部品に作業員がちょっと触っただけで電源喪失が起きるなら、大きな地震が来たらどういうことになるのか。現場を知るベテラン作業員たちが「今度大きな地震が来たらもうダメだ」と確信していたのも当然だろう。

で、これだけとんでもないことが2010年6月17日に起きていたのに、しっかり報じたメディアはほとんどなかった。これまた恐るべきことだ。

このときは非常用ディーゼル発電機が起動して、最終的には放射能漏れにまでは至らなかった。報告書ではそのことを「なお、プラントの常用系電源が停止したことにより、通常は常用系電源から受電している非常用交流電源も停止したが、2基の非常用ディーゼル発電設備が自動起動し非常用交流電源が速やかに確保された」と、誇らしげに書いている。

最後にディーゼル発電機が起動しなければ、今回と同じようなことが起こっていたかもしれないのだ。そうならないように、1Fのそばに電源車を常時待機させておこうとか、外部電源をあと3系統くらいは増設して、その送電系も空中電線だけでなく地下埋設ケーブル経由の電源も用意しておこうとか、非常用ディーゼル発電機の数を増やし、複数の保管場所に散らばせておこう、といった提案を誰もしなかったのだろうか。

いや、現場では当然そういう危機感を抱いて、提言もしてきたと思う。それを、経営陣が却下し続けてきたのだろう。

警告や提案を無視するだけでなく、手抜き体質は留まるところを知らず蔓延していった。

地震が起きる10日前の２０１１年3月1日、地元紙の『福島民友』がこんな記事を小さく載せている。

「保守管理の規定の期間を超えても点検を実施していない点検漏れの機器が見つかった問題で、東京電力は2月28日、経済産業省原子力・安全保安院に調査結果を最終報告した。報告では福島第1原発で新たに33機器で点検漏れが見つかった。県は『信頼性の根本に関わる問題』と東電に再発防止策の徹底を求めた。

東電によると、福島第1原発で見つかった点検漏れは定期検査で行われる機器ではなく、東電の自主点検で定期点検が行われている機器。しかし、最長で11年間にわたり点検していない機器があったほか、簡易点検しか実施していないにもかかわらず、本格点検を実施したと点検簿に記入していた事例もあった」

前年6月に電源喪失による冷却水低下という危機一髪の事故を起こしていながら、このざま。

この危機意識のなさ、底抜けの無責任さこそが、一般人の感覚からすれば「想定外」だ。

11日のうちに炉心溶融していた!

全電源喪失がはっきりした時点で、ネット上には「メルトダウン必至」という書き込みが相次いだが、東電も政府も「原子炉は健全に保たれているので冷静に」と繰り返すばかりだった。

早々とメルトダウンしていたわけだが、これを巡っての東電や保安院、官邸の動きはバタバタだった。

3月11日　原子力緊急事態宣言を発令するも、「放射性物質による施設の外部への影響はない」と記者発表。

3月12日　保安院・中村審議官が「メルトダウンの可能性」を口走ったことでスポークスマン役を外される。

4月27日　燃料棒の損傷割合をそれまで70％と言っていたが、「約55％」だと訂正。

5月12日　突然、「メルトダウン」を認める。

5月25日　地震発生の3月11日にはすでに圧力容器が破損していたと発表。

6月25日　3月11日に、実は格納容器も破損していた可能性が高いと発表。

こんな風に、日を追うごとにどんどんとんでもない内容に変わっていった。

電源喪失後、各原子炉は実際にはどうなっていたのか。

まず、1号機圧力容器の破損は、地震直後に起きていた可能性が高いという記事を、共同通信が5月26日に配信している。

格納容器の温度変化データを見ると、3月11日の地震直後に1号機の格納容器の温度と圧力が瞬間的に急上昇していることから、元原発設計技師の田中三彦氏が「圧力容器か容器につながる配管の一部が破損し、格納容器に高温の蒸気が漏れたようだ」と分析したという。

しかし、1Fで記録された地震の最大加速度は448ガルで、保安院が基準値として認めていた600ガルの4分の3程度にすぎなかった（『読売新聞』が3月19日に記事として配信）。であれば、津波が来なくても、耐震安全基準のわずか4分の3程度の揺れが来ただけで、あっさり圧力容器が破壊された(!)ことになる。

津波が来る前からすでに「揺れ」――それも大甘だと言われていた安全基準を下回る揺れであっさりと圧力容器から放射性物質が漏れてしまっていた。

東電も官邸も保安院も、そのことを隠したいという姑息な工作からスタートしているのだ。

その間、なすすべなく、ただただ空焚きの原子炉群が壊れていくのを見ているしかなかった現場の様子が浮かぶ。

この間、ベントをしろ、できないだの、海水注入を渋っただろうだの、官邸の指示で海水注入を一時止めたのはけしからんだの、いや、実は現場の吉田昌郎所長の独断で注入は続行していただの、それは職務違反だから吉田を処分しろだのといった様々なすったもんだがあったことは、後日報道された通りだ。

ベントに関しては、いまだに解せないことがいくつかある。

空焚きになってしまっているなら、爆発する前に主蒸気逃がし安全弁（S／R弁）を開いて原子炉圧力を下げなければならないが、この弁は電動弁で、手動で簡単に開けられるようなものではない。

3月11日18時前の時点で、すでに1号機建屋内では線量計が振り切れる（計測上限突破）放射能漏れが確認されていて、作業員が待避させられている。21時過ぎには1号機建屋内で290ミリシーベルト／時を計測したため、21時51分に「域内立ち入り禁止」措置がとられている。

そんな状況では、スーパーマンでもない限り、建屋に入っていき、手動で弁を開けることなどできるはずがない。それなのに外からはベントを急げとせっつかれる。

東電の報告書には、1号機の水素爆発後、3号機では、ベントに必要な電源を確保するため、構内にある東電社員や作業員の通勤用自家用車まで含めて、手当たり次第に自動車のバッテリーを外して中央制御室に運び込んで接続したと書いてある。その結果、必死にかき集めて数珠つなぎに接続した自動車用バッテリーによって、14日18時、ようやく弁が開いて原子炉減圧が開始された、ということになっている。

これを最初に読んだときは、そんな安物のパニック映画のようなことが実際に行われていたのだろうかと、すぐには信じられなかった。日本国の命運を賭けた作業が、通勤用自家用車から外してきたバッテリーで行われていたというのだ。

車のバッテリーを数珠つなぎにして得られた直流電気でベント弁を開いた？……その真偽のほどはともかく、爆発後の3号機でも、あっけなく炉心溶融が起き、圧力容器破壊が起きてしまったのだった。

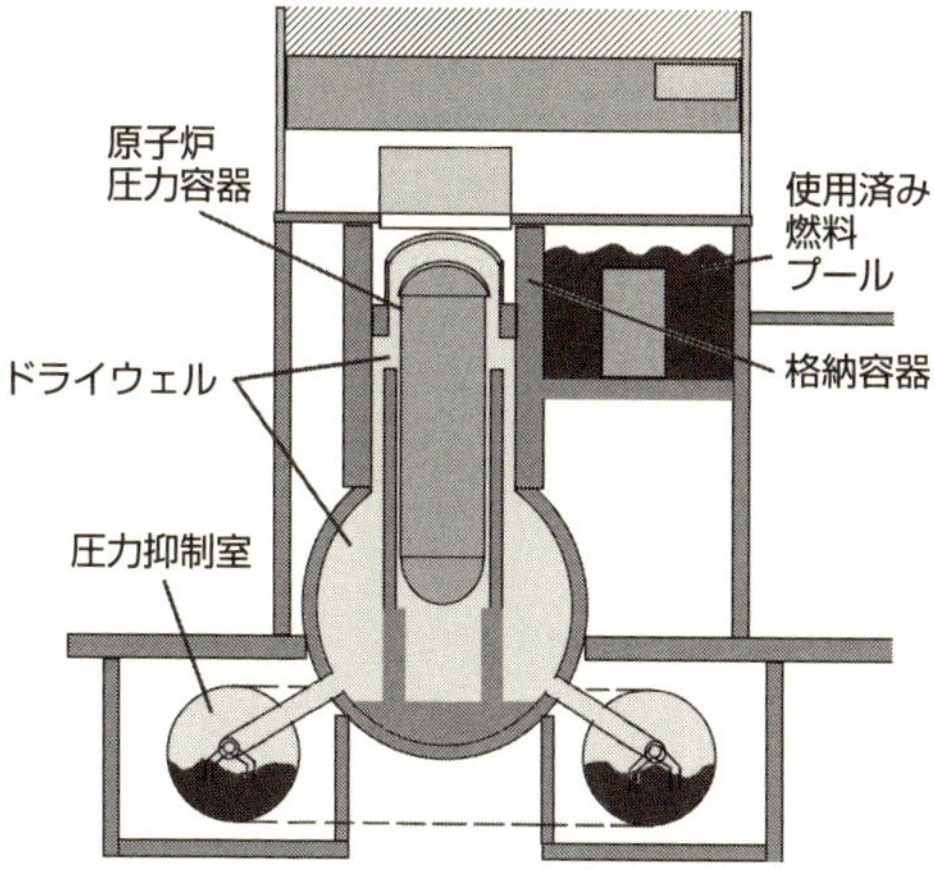

図1-4　沸騰水型原子炉（BWR）構造図

（Wiki Commonsより改変）

4号機のミステリー

1号機の水素爆発までの過程については、学者や技術者たちの見解はほぼ一致しているのだが、2号機、3号機、4号機については、一部「専門家」筋からも様々な異論や怪論が出ている。

例えば、2号機は3月15日の6時頃、圧力抑制室（サプレッションチェンバー＝圧力容器の底部に直接つながっているドーナツ状の部分。通常ここには水が溜まっている）付近で衝撃音（爆発音？）がして、このときに大量の放射性物質が外に漏れ、これが主原因で甚大な汚染が起きたということになっている（図1－4）。

2号機から放出された放射性物質が、最大の汚染原因になったということについても、専門家たちの意見はほぼ一致しているようだが、なぜ2号機だけ建屋がほぼ無損傷で残っているのかという説明ができていない。

水素爆発だという説が有力だが、水素は上に溜まるから、圧力抑制室のような低い場所で爆発するのはおかしいという話がある。

また、2号機は、1号機や3号機と違って格納容器外側で爆発したのではない。格納容器の内側で爆発が起きている。2号機の建屋がきれいなまま残っているのでそれは間違いない。しかし、格納容器は内部の圧力が高く、酸素が入り込めない。酸素がないところで水素爆発は起きないはずだ。

では、2号機の爆発（格納容器破損）はどのようにして起きたのか？

物理学者の槌田敦氏は、2号機では水素爆発ではなく、界面接触型水蒸気爆発が連続して起きた結果、圧力に耐えきれずに壊れたと見ている（『核開発に反対する会月刊ニュース』2011年5月号「同時多発原発災害、特に2号機」）。

炉心の圧力が上がったため海水が入らなくなり、水蒸気発生が収束。しかし逃がし弁が開きっぱなしだったので圧力は下がり、再び海水が入るようになって水蒸気爆発……の繰り返しになった。圧力計の数値が短時間で激しく乱高下しているのはそれを裏付けている。

15日3時頃、原子炉は内部で繰り返された水蒸気爆発に耐えきれなくなり、圧力容器が破壊。

圧力容器と外側の格納容器の圧力が同じになった。

次に格納容器がその圧力に耐えきれず、6時頃、音をたてて破裂。これにより圧力容器、格納容器、建屋内(外界)がツーツーに抜けてしまい、原子炉内にあった大量の放射性物質が一気に建屋内に噴出し、環境中に出ていった。

……という経緯をたどったとしている。

3号機、4号機についても異説がいろいろ出た。

3号機については、1号機の爆発よりはるかに強烈な爆発だったことから、水素爆発ではなく核爆発ではないか、という意見が根強く出ていたが、結局は1号機のときより建屋内部に溜まった水素の濃度が高かったということらしい(エネルギー総合工学研究所・内藤正則部長の解析。『日本経済新聞』8月12日)。

4号機はいちばんミステリアスで、特に大きな爆発音もなかったのに、見ている前で建屋の外壁が映画のSFXのモーフィングのようにみるみる変形し、結果的には側面がぐちゃぐちゃに壊れたという(作業員の証言)。東電は当初、使用済み燃料プールで水がなくなったために高熱になって水素が発生したと言っていたが、後に、水素は4号機で発生したものではなく、3号機で発生した水素が共通の排気管を逆流して4号機建屋に流れ込んだもの、という見解に変わった。さらに、9月になると、4号機の燃料プールの水が沸騰し、そこに放射線があたったことで水が「放射線分解」して水素を発生させていたという可能性を、東大や日本原子力研究開発機構のチームが発表した(『毎日新聞』9月13日「4号機爆発、水の放射線分解も一因か」)。

原因はともあれ、4号機はすでにボロボロで、上階にある燃料プールを支えるだけの十分な強度を保っていないことは明白。建屋ごと崩れ落ちれば、想像を絶する地獄絵図になる。

スリーマイル島事故のときも、当初学者たちはメルトダウンはしていないと言っていたが、10年後に解体してみたら溶けていた。福島の原子炉がどうなっているのかはっきりわかるのは、ずっと先のことになるだろう。

東京にとっては3月21日が問題だった

2号機がどのように壊れたのか、正確な過程はまだわからない。しかし、現時点でほぼはっきりしているのは、大規模汚染の「主犯」は2号機であり、1号機や3号機の派手な爆発だければ、放射能汚染の度合いははるかに低くて済んだということだ。

1、3、4号機が見るも無残な姿を晒しているために、汚染の原因がそっちにあると思ってしまいがちだが、両隣の残骸をよそにしれっと建っている2号機こそが、大汚染の主犯だった。

1F構内で測定している放射線量と風向風速情報を見てもそれははっきりしている。

3号機は3月14日11時1分に水素爆発を起こしたが、11時の前と後での放射線量に大きな変化は見られない。爆発で放射性物質が大量噴出したわけではなく、その前からすでに圧力容器から漏れ出していたと思われる。

翌15日6時に2号機の格納容器が破損。それ以前に圧力容器も壊れて格納容器内と同一気圧になっていたので、炉心の高濃度放射性物質が一気に環境中に放出された。

問題はこのときの風だ。東電のデータによれば、2号機の格納容器が破損した15日6時頃は北東の風2メートル弱だった。ところが、正午から突然南東の風に変わる。これによって2号機から出た放射性物質は一気に北西方向に流されていったのだった。

このときの汚染は飛び抜けてひどかったので、現在の汚染はすべてこのときに起きたと思われがちだが、群馬大学の早川由紀夫教授(火山学、地質学)によれば、1Fからの放射性物質大量放出は、大きく分けると4回あったという。

○1回目　3月12日夜
南相馬から太平洋を北上して時計と反対回りに女川を経由し一関市に向かい、平泉にまで到達。

○2回目　3月15日午前
いわき市~水戸市と南下して、そこからさらに宇都宮方向、群馬方向、首都圏方向の3方向に分岐して流れた。群馬ルートは軽井沢まで到達。

○3回目　3月15日夕方
これが最もひどい汚染。北西方向に進んで飯舘《いいたて》村などを汚染した後、国道4号線に沿うように南下して福島、二本松、郡山、那須……と流れ、日光まで到達。

○4回目　3月21日
海沿いに水戸方面に南下し、柏や流山にホットスポットを作り、さらに東京へ到達。

このうち15日のは、2回に分けて噴出したというよりは、午後から風向きが変わったためにルートが2つに分かれたとも考えられる。

福島周辺の大汚染は3月15日の2号機からの放射性物質漏れがいちばんの原因だが、現在、首都圏にいくつかの「ホットスポット」（周囲より放射能汚染が強いエリア）が存在している主原因はこれではなく、3月21日の放射性物質漏れだった。

新宿区にある東京都健康安全研究センターでは、毎日朝9時から24時間ごとに、降下した放射性物質を測定している。3月18日9時から19日9時まで、19日9時から20日9時までは、セシウム137の降下量が検出限界以下だった。それが、21日9時から22日9時までの24時間で突然5300ベクレル／平方メートルに急上昇している。

3月21日に1Fで何があったのか。

官邸資料によれば、21日の15時55分、3号機からやや灰色がかった煙が噴出。付近の作業員待避。18時過ぎに沈静化。18時22分、2号機建屋屋上から白い靄のような煙が噴出……となっている。

官邸発表資料には、

20日　8時00分　3号機に関し、炉内の温度が三百数十度になっており、炉圧が高くなっている（原子炉の通常運転中は280〜290度）。

14時30分 3号機に関し、原子炉格納容器内の温度が高めで推移していることから注視。
21時30分 3号機に関し、緊急消防援助隊（東京消防庁）の消防車による連続放水（約1137トン）を実施（～21日3時58分）。
21日
15時55分 3号機に関し、灰色の煙が噴出（調査中）。
16時49分 3号機の煙に関し、煙量に変更はないが、灰色から白色に変化。
18時02分 3号機の煙に関し、沈静化を確認。

とあるが、この煙の正体と原因がなんだったのかは書いていない。

東電が発表している各号機の温度や圧力などの計測値推移を見ると、3月20日から21日にかけて3号機の圧力容器の圧力が急激に上昇した後、また低下している。このときに圧力容器、格納容器ともに穴が開いたことはほぼ明らかだ。

旧日本原子力研究所の田辺文也・元研究主幹は、このときに燃料集合体が「再溶融」して圧力容器の底を突き破って下に流れ落ちた可能性を指摘している（『朝日新聞』2011年8月8日）。

1137トンの連続放水にあたっては、東京消防庁が担当したが、その際、海江田万里経済産業相が「速やかにやらなければ処分する」と恫喝まがいのことを言ったと報道され（『読売新聞』3月22日記事など）、現場では無理を承知での連続放水により、2台ある放水塔車のうち1台がディーゼルエンジンの焼け付きにより使用不能となった。

図1-5　間の抜けたイラストを前に会見する西山審議官（3月21日夕方のBS日テレの記者会見報道映像より）

つまり、官邸側は事態の緊急性重大性を知っていて、現場には情報を伏せたまま無理を強要したと思われる。

しかし、結果としてはかなりの放射性物質が漏れ出し、東北東の風に乗って流れて首都圏上空で放射能雨となって地上に落ちた。

この21日の汚染は、メディアによってしっかり伝えられることはなかった。関東にとっていちばんの危機情報が隠蔽されたのだ。

なにしろ、この頃のメディア、特にテレビは最低だった。

少し思い出していただきたい。

朝から晩まで「エーシー♪」の同じマナー広告が垂れ流され続け、怒った視聴者の苦情が殺到したのか、公共広告機構のWEBサイトは落ちていた。

津波被災地の現場取材では、9日間、瓦礫の下で助けを求めて叫び続け、肺から空気が漏れ、体温が30度以下になって凍死寸前だった16歳の少年が寝ているベッドにテレビカメラが突入して質問を浴びせていた。

保安院の会見では西山英彦審議官がバカなイラストを後ろにして中身のないコメントを繰り返

していた（図1-5）。

特別編成が崩れ、東京のキー局ではお笑い番組や韓国ドラマが再開されていた。

民放の情報バラエティ番組では、ほうれん草から5万4100ベクレル／キログラムの放射能が検出されたというニュースを受けて、関西を代表する人気司会者が「このほうれん草を84キロ食べても100ミリシーベルトを超えないから全然健康には影響がない」などと話していた。内部被曝と外部被曝の区別もしていない滅茶苦茶な話だ。

スタジオに解説者として同席していた近畿大学原子力研究所所長という肩書の人物は「100ミリシーベルトを超えると健康に影響が出るのではなく、100ミリシーベルト以下は健康にまったく影響が出ないという意味です」と力説する始末だった。

テレビ報道のあまりのでたらめぶりを見て、それまで冷静を呼びかけていた他の専門家たちも、次第に「メディアのでたらめぶりが深刻」だとツイッターなどで言い始めた。

まともな情報を得るためには、CSの報道番組やネットでの動画配信などを探すしかなかった。

テレビメディアが少しまともな姿になっていくのは4月に入ってからのことだ。

画面からは次第に御用学者の姿が減っていき、今まで絶対に呼ばれなかった反原発派の研究者や技術者も少しずつ登場するようになっていく。

それも長くは続かなかったのだが、その話は後に譲ろう。

そのとき川内村の住民たちは

僕が住んでいる川内村では、3・11の地震そのものではほとんど被害がなかった。屋根瓦が一部落ちた家屋などはあったものの、液状化で町全体がダメージを受けた浦安市などに比べればまったく被害がないに等しい。東北の太平洋側に属する自治体としては最も被害が軽度だったほうだろう。

停電も起きなかった。地震の後もずっと電気が使えていたから、浜側の阿鼻叫喚を見ていない人たちは、「東京の人たちは何十キロも歩いて家に帰らなければならなくて、大変だなあ」などと同情しながらテレビを見ていた。

1Fでの全電源喪失という状況をにわかに信じられなかったのも、すぐ隣のこの村では停電もないし、建物の損壊もなかったからだ。安普請の我が家が無事で、電気も普通に来ているのだから、「絶対安全」な耐震設計の原発が壊れたり、ましてや停電しているなんてことがあるわけない、と思っていた。

我が家は村の中心部からは5キロ以上離れていて、周囲には人家もまばらにしかない。だから、通信が途絶えた他は特に変化が感じられなかったのだが、村の中心部、役場の周辺では、11日夜から12日にかけて異常事態が起きていた。

第二原発がある富岡町から3000人を超える避難民が、バスを連ねて川内村に流れ込んできたのだ。

役場は、体育館や「かわうちの湯」（どんな田舎都市にも必ずと言っていいほどある、大型銭湯と休憩所、食堂などを合わせた福利施設）を開放して避難民の受け入れに追われた。

かわうちの湯のすぐそばにあるコンビニ「モンペリ」では、避難してきた人たちがレジ前に長蛇の列をなして食べ物、飲み物を買い求めたため、店が抱えていた「すぐに食べられるもの」すべてが消えた。売る物がなくなったために店を閉めた後で、店を経営する一家は1F1号機の爆発を知って、戸締まりも忘れるくらいに慌てて逃げた。

しかし三春町まで逃げたところでガソリン切れ。その夜は車中泊だったという。

後に詳しく紹介する獏原人村では、村の有名人であるマサイさん夫妻と大塚愛（大工の愛ちゃん）夫妻が、逃げるべきかどうかの緊急会議?をしていた。

愛ちゃんには幼い子供2人がいる。獏原人村をこよなく愛している愛ちゃんを、夫のしょうかんさんが説得して、まずは大塚一家が村を出た。新潟回りで走り続け、13日には愛ちゃんの実家がある岡山県に到着していた。13日の昼頃、僕らは茨城県内を走行中だったが、僕がケータイで電話をしたとき、彼らはすでに岡山に着いていていてしょうかんさんに「まだそんなところにいるの?」と言われてしまった。

マサイさん夫妻は鶏400羽を飼っていて、鶏卵販売がほぼ唯一の現金収入源。簡単に逃げるわけにはいかず、少し遅れてから村を出た。ちなみにマサイさんもしょうかんさんもガイガーカウンター（線量計）を持っていた。

獏原人村へ続く林道入り口に住んでいる獏工房のまもるさん夫妻も、電源喪失のニュースを知った瞬間に逃げていた。

村の西北端、高田島と呼ばれる地区には、後に登場する小塚さん夫妻とニシマキさんカップルが住んでいたが、小塚さんがまず逃げた。

こんな風に、すぐに逃げた人たちと、村に残っていた人たちの意識の差はかなり大きかった。通信遮断直前までネットで情報を得ていたかどうかも大きな差だったと思う。

川崎市の仕事場に着いて情報入手手段が復活してからは、ずっと気持ちが落ち着いた。

そうなると、村のことが気になって仕方がない。

SNSのミクシィにアクセスすると、村の商工会会長でもあるしげるさんがケータイで逐一情報を発信しているのを見つけた。

村から離れて、ケータイの電波がぎりぎり入るところまで出たときに数行ずつ必死で書き込んでいた。

しげるさんからの情報で、富岡町からの避難民を受け入れた川内村が大変な状況になっていることを知った。

そんな苛立ちの中、テレビからは緊迫した情報が流れてくる。

川内村だけでなく、30キロ圏内にある浪江《なみえ》町、南相馬市、葛尾《かつらお》村などにも、国や県からは何の指示もなかった。自治体の長でさえ、「20キロ圏内は避難、30キロ圏までは屋内待避」といった政府からの指示を、テレビの報道で初めて知るという放置状態だった。

川内村は地震や津波の被害がほとんどなかったので、20キロ圏内から消防なども避難してきて前線基地にした。

原発敷地内で起きた火災鎮火などで１Ｆに行った消防団員などが川内村に戻ってくると、１Ｆのとんでもない惨状がつぶさに報告される。

「冷却ポンプが全部津波で流された。もう冷やす手段がない」

村長と共に避難民の受け入れなどに当たっていた商工会会長のしげるさんは、それを知って、後日、ミクシィにこう書いている。

「大きな流れからいうと、冷却できないということは、メルトダウンを避けることができない状況にあるということだ。国、県、東電は大局的な見地から予測できる被害を発表して、避難の対策と事故を最小限に抑える対策を講じるべきである。結果的に予想を下回る結果になれば幸いだということである」

この状況でも、国からも県からも何の指示も来なかった。

そして14日午前11時1分。１号機に続いて３号機も水素爆発。

ここまで来ると、テレビでももう隠そうとはせず「1号機の時とは明らかに違う、もっと激しい爆発です」と言いきっていた。

14日　18時22分　２号機の原子炉水位がマイナス３７００ミリに達して燃料棒が全露出。

15日　３時00分　２号機でドライウェル圧力が設計圧力を超える。減圧操作、注水操作がうまくいかず、減圧できない状況に。

6時10分　2号機の圧力抑制室で水素爆発。穴が開いて炉心の高濃度放射性物質が放出される。続いて4号機でも水素爆発。壁に穴が開く。3号機からは発煙。

この直後に起きた大汚染は、この2号機の圧力抑制室に穴が開いたことがいちばんの原因だったことが後にはっきりしてくる。

15日　6時42分　2号機の圧力抑制プールに一部欠損がある模様だと官房長官が会見で発表。
6時56分　4号機の建屋が変形・破壊され始める。
8時25分　2号機建屋から白煙。
9時38分　4号機で火災発生を確認。消防に通報。
10時01分　4号機の火災について、経産省から米軍に応援依頼。しかし米軍ヘリは放射能汚染を恐れて現場付近で引き返す。

現場はもはや阿鼻叫喚のお手上げ状態。これを見ていた地元消防団員らから、村に「現場は想像を絶する状況で、特に4号機が深刻だ」という情報が伝わった。

15日　11時00分　総理官邸から「20キロ〜30キロ圏内の住民は屋内待避」の指示。

この「屋内待避」という指示が最悪だった。

文字通り解釈すれば、建物の中に入って動くな、ということになる。これが出たために、逃げようとしていたのに避難所から出られなくなった人たちも多い。

また、逃げたくてもガソリンがなかった。

すでに書いたように、川内村の面積は千代田区の17倍ある。ご近所の家に回覧板を届けるにもバイクや軽トラに乗っていく。屋内待避指示に従って動かずにいる間にも、近所を行き来しているだけでガソリンはどんどんなくなっていく。外からの補給もない。

すでに30キロ圏内は飛行禁止処置がとられていて、マスメディアの飛行機やヘリも飛んでこない。急病人を運ぶドクターヘリも来ない。救援物資も全然届かない。

浜側のルートは閉ざされていたが、郡山市など都市が並ぶ内陸側（中通り）とのルートは問題なく通行できる。それなのに、派手に爆発を起こした原発を怖がって物流の車がまったく来なくなってしまった。

物資が届かない中で、外から3000人もの避難民まで抱えさせられて、なおかつ「屋内待避」（動くな）とはどういうことなのか。時間が経てば経つほど、病人や高齢者は疲弊し、ガソリンもなくなる。逃げろと言われたときにはガソリンがなくて動けないということになる。

しかも、この屋内待避という指示も、国や県から村に連絡が入ったのではなく、村はテレビの報道を通じて知ったというありさまだった。

避難を決断できた村とできなかった村

地震が起きた3月11日から12日にかけて、国が出した避難指示は次のように推移した。

11日　21時23分　首相官邸地下の危機管理センター別室で、菅直人首相、海江田万里経済産業相らが第1原発から半径3キロ圏内に避難指示を発令。

12日　2時00分頃　官邸が国土交通省旅客課に「避難用として当座１００台のバスを確保せよ」と指示。

12日　3時00分頃　枝野幸男官房長官が記者会見で、1号機の格納容器内圧力を下げるために放射性物質を含む蒸気を環境中に放出する「ベント」を行うことを発表。しかし、それに伴う避難範囲の拡大はないと強調。

12日　5時44分　避難範囲を半径10キロ圏内まで拡大すると発表。範囲変更の背景には、班《まだら》目《め》春樹・内閣府原子力安全委員長の「格納容器が破裂する恐れがある」という発言があった。

5時55分頃　大熊町役場に細野豪志・首相補佐官から電話で「10キロ圏内住民に避難指示が出た」との連絡。

12日　午前中　半径10キロ圏内から、住民たちを乗せたバスが次々に避難所に向けて出発。

12日　15時36分　1号機で最初の水素爆発。この時点ではまだどのメディアも爆発の事実を報じていなかった。付近住民は爆発音を聞いて、異変が起きたことを察知した。

12日　18時25分　避難指示範囲を半径20キロ圏内まで拡大。

これ以降、14日から15日にかけて、3号機、2号機、4号機が次々に壊れて大量の放射性物質が放出されたわけだが、それでも避難指示は変更がなく、15日の11時に「20キロ～30キロ圏内の住民は屋内待避」の指示が追加されただけだった。

この「屋内待避」という中途半端な指示が現場をさらに混乱・困惑させたことはすでに書いた通りだが、半径20キロ、30キロという指示もバカげていた。原発から半径20キロ、30キロの線が正確にどこに引けるのかなど、自治体でもわかるわけはない。避難指示を出すなら行政区分によって出さなければならないのに、そんな基本的なことさえ官邸の人間たちは気がつかなかったのだ。

半径20キロの線にかかる自治体は、南側から順番に、楢葉町、川内村、田村市都路町（旧都路村）、葛尾村、浪江町、南相馬市。半径30キロの線にかかるのは、いわき市、田村市、葛尾村、浪江町、飯舘村、南相馬市である（図1－6）。

3月12日夜、田村市では大熊町からの避難民を受け入れた後、県から20キロ圏内の避難指示を受けた。しかし、原発からコンパスで半径20キロに円を描くと、旧都路村（現・田村市都路町）の

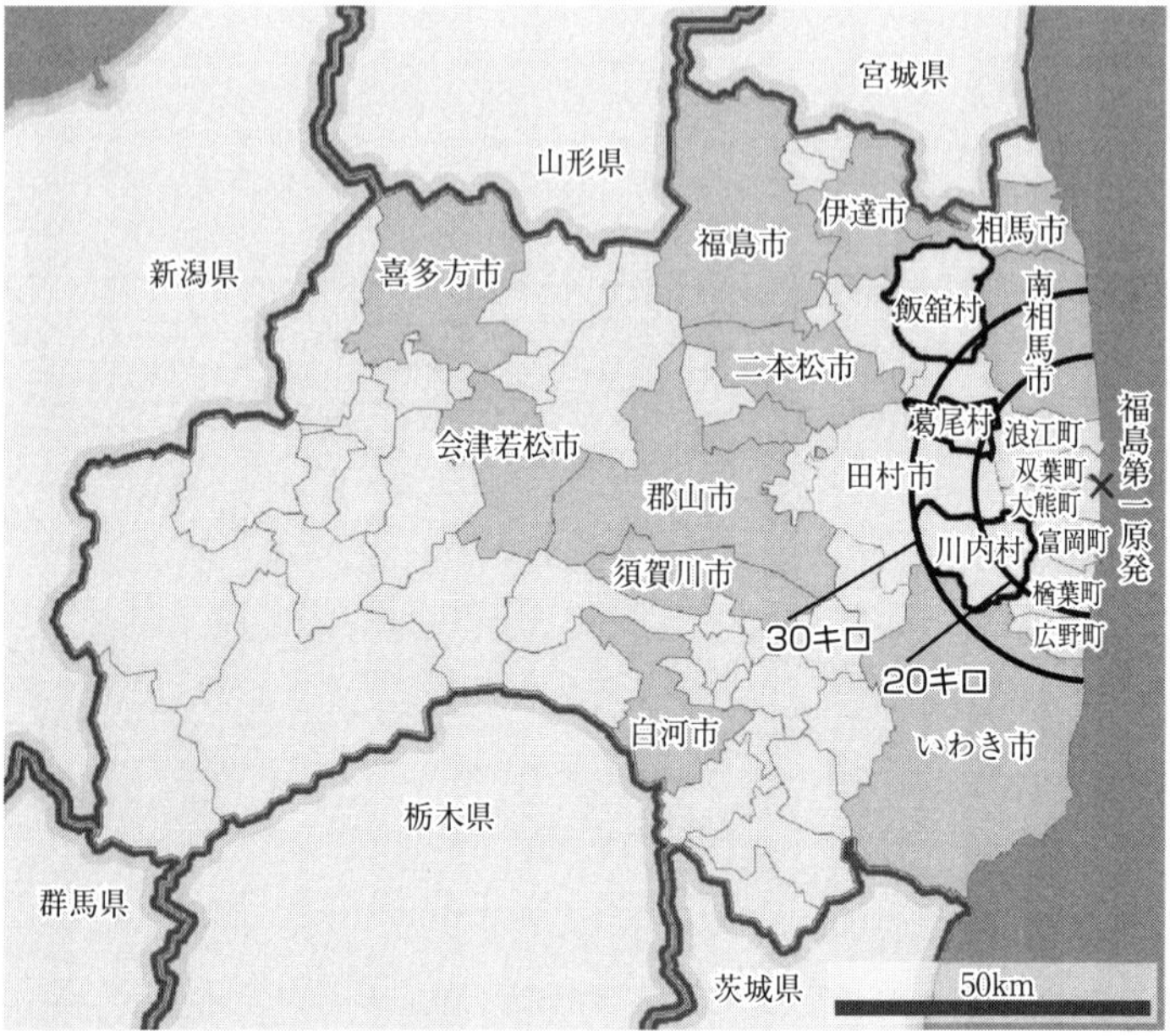

図1-6　20キロ圏、30キロ圏の線にかかる自治体

中を通り、どこで区切っていいのかわからない。県に問い合わせたが、県からは返事がなかったので、都路町全域に避難指示を出した。

これは独自に決断したというよりは、県も田村市も「半径20キロ圏内」という国の指示内容を物理的に処理できなかった結果だ。

葛尾村は村の一部が20キロ圏にぎりぎりかかっていたが、大半は20キロ〜30キロ圏に入る。本来なら屋内待避だが、14日夜に全村避難を完了した。

葛尾村と川内村が避難を決断するまでの経緯を、『毎日新聞』の特集記事（「検証・大震災：福島原発事故3カ月」）などの報道資料と、僕が直接、川内村の遠藤雄幸《ゆうこう》村長、川内村商工会会長のしげるさん、その他、村の職員らから聞いた様々な情報と合わせてまとめてみる。

先に動いたのは葛尾村だった。

葛尾村は旧都路村（現在は田村市に併合）を挟んで川内村の北にあり、1Fからの距離は川内村とほぼ同じくらい。川内村に比べると面積は半分以下（それでも千代田区の7倍以上）、人口は川内村の半分強（約1500人）という小さな山村だ。

3月12日夕方、テレビに映し出された1号機の爆発映像を、松本允秀《まさひで》村長や村の職員は呆然と見ていた。住民生活課長（その後災害対策担当課長）はただちに村長に避難準備に入ることを進言し、認められた。

この時点で、葛尾村にも、県や国からは何の指示も連絡もなかった。避難区域が10キロから20キロに広げられたのも、夜、テレビのニュースで知った。

村は県に「万一の場合に備えて、避難受け入れ可能な市町村を紹介してほしい」と訴えたが、県からは「おたくは20キロ圏外だから」と突き返されてしまった。

県がまったく頼りにならないことを知った葛尾村は、自力で避難準備を進める。

翌13日朝から、村民全員にいざとなったときに自力で避難可能かどうかの確認をして回った。その結果、全村民の10分の1にあたる約150人に、自家用車などの移動手段がないことがわかったので、その人たちのために村営バス5台とドライバーを用意した。

そうしている間にも、川内村同様、広域消防や東電の関係者などから、原発の現場がどんどん危機的な状況になっているという情報が入ってくる。

そして14日11時、3号機の派手な爆発がテレビに映し出された。

同日18時半、松本村長は防災無線電話で、川内村の遠藤村長と話し合った。「うちは自力で逃げる準備が完了した」と告げた松本村長に対して、遠藤村長は「うちは富岡町からの3000人を受け入れてしまっているので、そう簡単にはいかない」と答えた。

遠藤村長自身は一刻も早く全村避難を開始したかったが、富岡町が「国や県の指示があるまでは動くべきでない」と、強く慎重姿勢を打ち出していたのだ。

富岡町から逃げてきた3000人というのは、平時の川内村の人口より多い。（うちも含めて）すでに村を逃げ出した人も多かったので、この時点では川内村の中にいるのは富岡町民のほうがずっと多かった。

苦悩する川内村遠藤村長と葛尾村松本村長の話し合いはそれ以上行われなかった。無線電話が使えなくなったからだ。

葛尾村は、ついに独自避難を決断した。

決め手は、大熊町のオフサイトセンター（原発事故対策の拠点として作られた施設）までもが撤退を始めたという情報が消防無線経由で伝わってきたことだった。

大熊町のオフサイトセンターは、撤退もなにも、地震直後から電源が落ちてまったく機能していなかった。非常用のディーゼル発電機は、何があったわけでもないのに故障で動かず、肝心の通信手段や測定機器などが全部使えないというていたらく。

事故から5日目に福島県庁内に拠点を移動したが、それまで、電気もないオフサイトセンターで一体何をしていたのだろうか。

話を葛尾村に戻そう。

14日午後10時45分。自家用車などの手段を持たない村民150人を乗せたバス5台が役場前を出発した。

翌15日午後、大量放出された放射性物質が風に乗って北西に流れ、葛尾村を含む広範囲の地域に降り注いだ。

葛尾村は国の指示を守らずに真っ先に独自避難を決めた村となったが、この大汚染の直前に避難したことにより、多くの村民が大量被曝を免れた。

しかし、浪江町、南相馬市、飯舘村、川俣町など、1Fの北西に位置する市町村では、何も知らされないまま生活していた住民たちが大量被曝することになった。

住民が、自分たちが置かれていた状況を知ることになるのは、ずっと後のことだ。

さて、川内村はどうだったのか。

3号機が派手に爆発する直前の14日11時前、報道で冷却がうまくいっていないことを知り、川内村では、避難してきている富岡町と合同で緊急災害対策会議が開かれた。

このとき、遠藤雄幸村長はすでに村民の強制避難を決めていた。しかし、会議に参加した現地対応担当の東電職員、保安院の官僚らが口を揃えて「20キロ圏外であれば絶対に安全です」と説得。強制避難ではなく自主避難に変更した。

2号機から漏れた大量の放射性物質が1Fの北西方向を襲った15日午後、川内村はまだ避難できずにいた。風向きに救われ、川内村にはあまり飛んでこなかったとはいえ、炊き出しをしていた村民たちはかなりの被曝をしたことだろう。

遠藤村長は、15日夜、村内放送で村民に自主避難を呼びかけた。

「川内村長の遠藤雄幸です。本日災害対策本部は、大変重大な決定を行いました。この度の原子力発電所の事故が好転のきざしが見えるまで、避難できる皆さんは自主的に避難してください。避難されない皆さんは、屋内退避を続けてください。また、自主避難をされる皆さんは、食糧、寝具、現金をご持参ください。なお、村の機能はこれまで同様に役場となっております。皆さんお元気で、また川内村にお戻りになった時は川内村の再生のために一緒に戦っていきましょう。お元気で！」

この時点でも、まだ富岡町町長は避難を渋っていたようだ。

しかし、翌朝、原発の火災消火応援に行っていた双葉広域消防の隊長が、声を震わせながら現場報告するのを聞いて、村長はついに自主避難を超えた強制避難を決断する。

この日の13時24分。商工会会長のしげるさんはミクシィの日記にこう書き込んでいる。

「孤立無援の状態が続いています。政府、県がいつまでも方向性を示さない現状を打開すべく強制避難をします。郡山のビッグパレットを目指して大移動を開始しました。総理、県知事の高度な政治的判断を期待したが、まったく期待はずれでした。こういう時に力量がわかるものです」

「最悪のシナリオを国民に知らせるべきです。小出しにしても事態は好転しません。見殺しにするつもりなんですね！」

「政府は正確な情報をタイムリーに出すべきです。4号機は最悪な状況です。時間の問題です。3号機からも白煙が出ていて、使用済み燃料が剝き出しになりつつあります。まさしく非常事態です。ここまで来ても、まだ国、県から何の連絡もありません」

この3つの文章は、13時24分から25分にかけて送信されている。おそらく、メモしてあった内容を、通信圏内に入ったときにケータイかモバイルノートから一斉送信したのだろう。緊迫感と憤りがひしひしと伝わってきて、現場から遠く離れた場所で読んでいる自分が申し訳なかった。

これを読み、僕はすぐに知っている限りのメディアにこの情報を発信した。

国や県から見捨てられた原発周辺自治体が、いまどんな状況に置かれているのかを広く知ってほしかったからだ。

反応してきたメディアは多くなかった。

中には「指示を守って屋内待避に踏みとどまっている他の自治体に動揺を与えかねないので、安易に報道できない」と言ってきたメディアもあった。

そんな中で、当時、「報道ステーション」の解説者を務めていた朝日新聞社の一色清さんがいち早く返事をくださり、すぐにWEBRONZAに原稿を書いてほしいという依頼を受けた。

朝日新聞本社経由で情報を受けてビッグパレットに向かった地元記者からは、僕のところに直接「15時半にはすでに第一陣が郡山ビッグパレット入りした」という報告もあった。

このとき書いたWEBRONZAへの原稿の中で、僕は少し興奮気味にこう書いている。

「国の指示を超えて決断した遠藤村長の行動の是非を問う論調の記事などがこれから出てくるかもしれませんが、孤立した現場の切迫感と、あまりにも無責任な国、県、そして東電の姿勢を考えれば、村長の決断を安易に批判することなど到底できません。私は村長の決断を断固支持します。どちらかに決めなければならない場合、最悪の事態を避けられるほうの決断をするのは当然のことでしょう」

19時50分。しげるさんのブログに、この日6件目の書き込みがあった。

「これからビッグパレットを目指します。

避難所であるかわうちの湯から富岡町民を全員避難させるべくバスに乗車させました。7時でした。僕は、これから故郷を後にします。涙が勝手に出て止まりません。復興を心に誓い、後にします。村民の皆さんまた笑顔でお会いできるのを楽しみにしています。その時が来るまで頑張りましょう」

15日の夜に遠藤村長が防災無線を通して村民に呼びかけたメッセージは、そのときまだ避難所にいた友人・ニシマキさんがユーチューブにアップしてくれたので、僕も川崎の仕事場で聞くことができた。

涙が出そうだった。

悲しいのではなく、悔し涙。原発を推進した国、積極誘致した県が、いとも簡単に周辺住民を見捨てたことに対しての悔し涙だ。

第２章　国も住民も認めたくない放射能汚染の現実

3月15日、文科省が真っ先に線量調査をした場所

いま、福島県内、およびその周辺で計測されている異常な放射線量は、3月15日早朝、2号機の格納容器破損で圧力容器からの高濃度放射性物質が一気に環境中に出たことが主原因と考えられている。

3月15日の夜、文科省のモニタリングカーが周辺地域の放射線量を測定するために出動した。

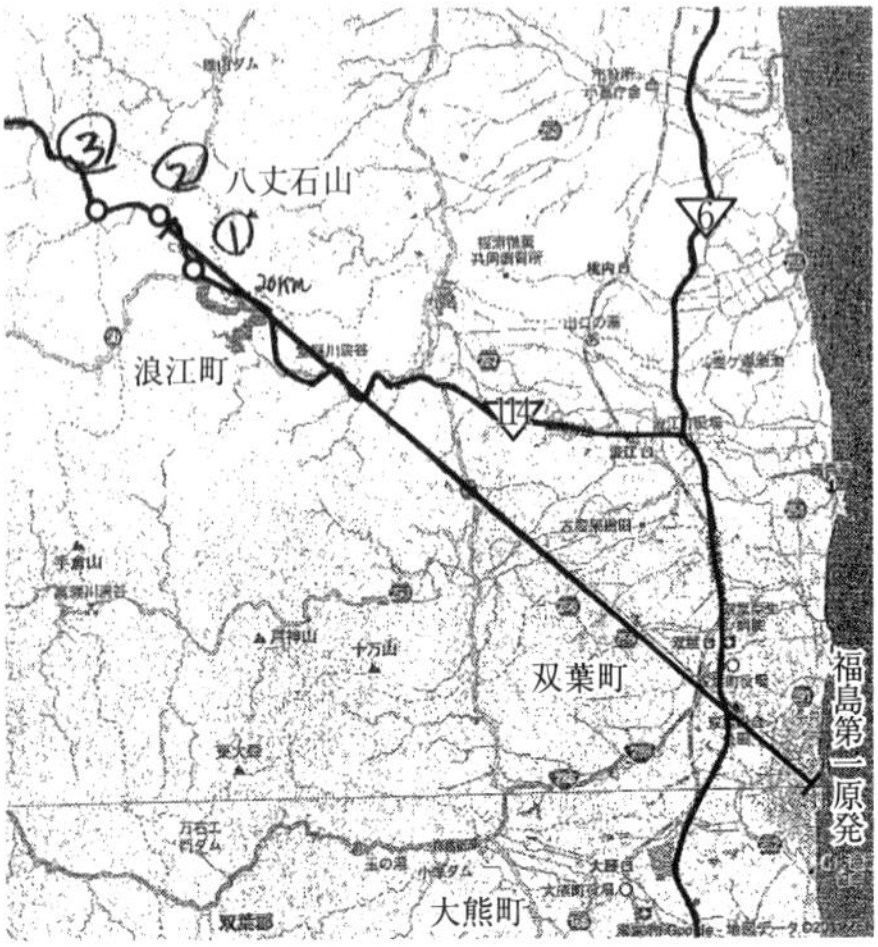

図2-1　文科省モニタリングカーが最初に計測した地点（文科省発表のデータより）

彼らが真っ先に向かったのは原発の北西約20キロ地点だった。

国道１１４号線の矢具野《やぐの》トンネルから昼曽《ひるそ》根《ね》トンネルあたり。市町村で言えば浪江町だが、浪江町は北西方向に伸びていて、このへんはちょうどくびれのようになっている。

ここで3ヵ所、夜の8時40分から50分にかけて放射線量を計測した（図２－１）。

その結果は戦慄すべきものだった。最低が１９５マイクロシーベルト／時（図中の②の車内）、最大が３３０マイクロシーベルト／時（図中の③の車外）。

平時なら0・0Xマイクロシーベルト/時だから、4桁違う。安い線量計なら振り切れて計測不能になる数値だ。

この測定が1回目で、データは翌16日にWEB上で公開されたが、メディアを含めて注目した人は少なかった。以後、文科省は毎日周辺地域にモニタリングカーを走らせ、線量を計測して公開している。

問題は、真っ先に向かったのが原発の北西20キロ地点だったということだ。

なぜそこなのか?

当然、そのへんが危ないと知っていたからだ。

計測地点の東側には南相馬市、西側には葛尾村が隣接し、さらに北西方向には川俣町、飯舘村がある。少なくともこの時点で、国はこれらの町村に、高濃度汚染が起きたことを知らせなければならなかったが、何の指示も出さず、情報も与えなかった。

20キロ以上離れている場所で数百マイクロシーベルト/時もの線量が計測されたということは、汚染がどれだけ広がっているのか見当もつかない。また、もっと離れたところでも汚染がひどいとしたら、半径10キロへの避難指示などという悠長なことを言っている場合ではない。正確な汚染状況を一刻も早く知って、周辺住民に的確な指示を与えることが求められていた。

文科省はSPEEDIというシステムを持っている。正式名称は「緊急時迅速放射能影響予測ネットワークシステム」というそうだ。緊急時にはとても迅速に言えないような名称だが。

文科省のサイトにある説明では「原子炉施設から大量の放射性物質が放出された場合や、あるいはそのおそれがある場合に、放出源情報（施設から大気中に放出される放射性物質の、核種ごとの放出量の時間的変化）、施設の周囲の気象予測と地形データに基づいて大気中の拡散シミュレーションを行い、大気中の放射性物質の濃度や線量率の分布を予測するための「システム」だそうだ。

1986年から運用され、いままで百数十億円の税金が注ぎ込まれてきた。2010年度の予算でも7億8000万円が組まれている。

四半世紀もの間眠っていたようなシステムで、ついに今回出番が来たわけだが、あろうことか国はこのデータを公表しなかった。

文科省は、「原子炉施設における正確なデータが出ていなかったから、大気中の放射性物質の濃度や空間線量率（対象とする空間の単位時間当たりの放射線量）の変化を定量的に予測することができなかった」と言っているが、予測が正確でない可能性があるので公表しませんというのなら、天気予報もできない。

そのときの気象状況によって、放出された放射性物質がどの方向に飛散し、どの地域が汚染されるのかということは予測できる。実際にしていて、そのデータは国内には公表していなかったが諸外国には渡していた。国際原子力機関（IAEA）が、「国境を越える放射性物質汚染が心配されるときには、各国の気象機関が協力して拡散予測を行うこと」を要請しているからだ。

おかげで、この期間、僕らはオーストリア気象局やノルウェー気象局の放射性物質拡散予想図をネットで見ていた（図2-2）。

同じ3月15日、アメリカのエネルギー省（DOE）の国家核安全保障局（National Nuclear Security

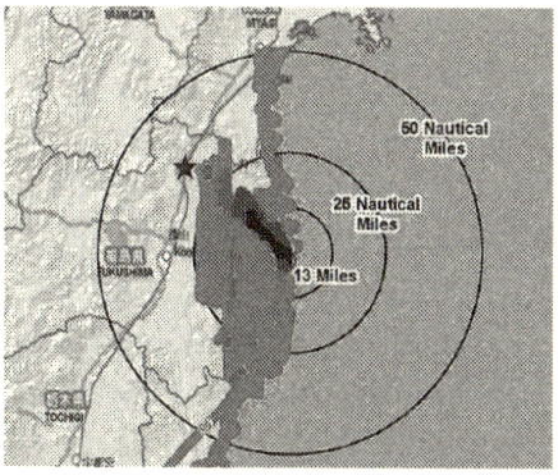

図2-3　米国エネルギー省が３月22日に発表した汚染マップ

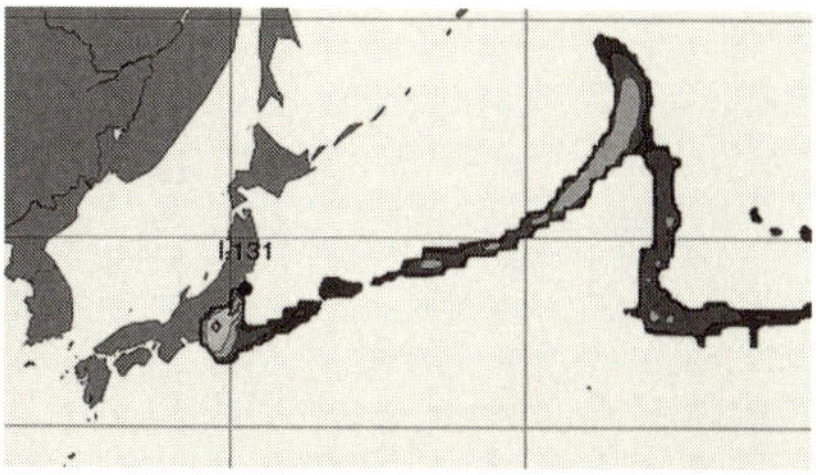

図2-2　３月14日には、オーストリア気象局が放射性物質拡散予想図を公開していた

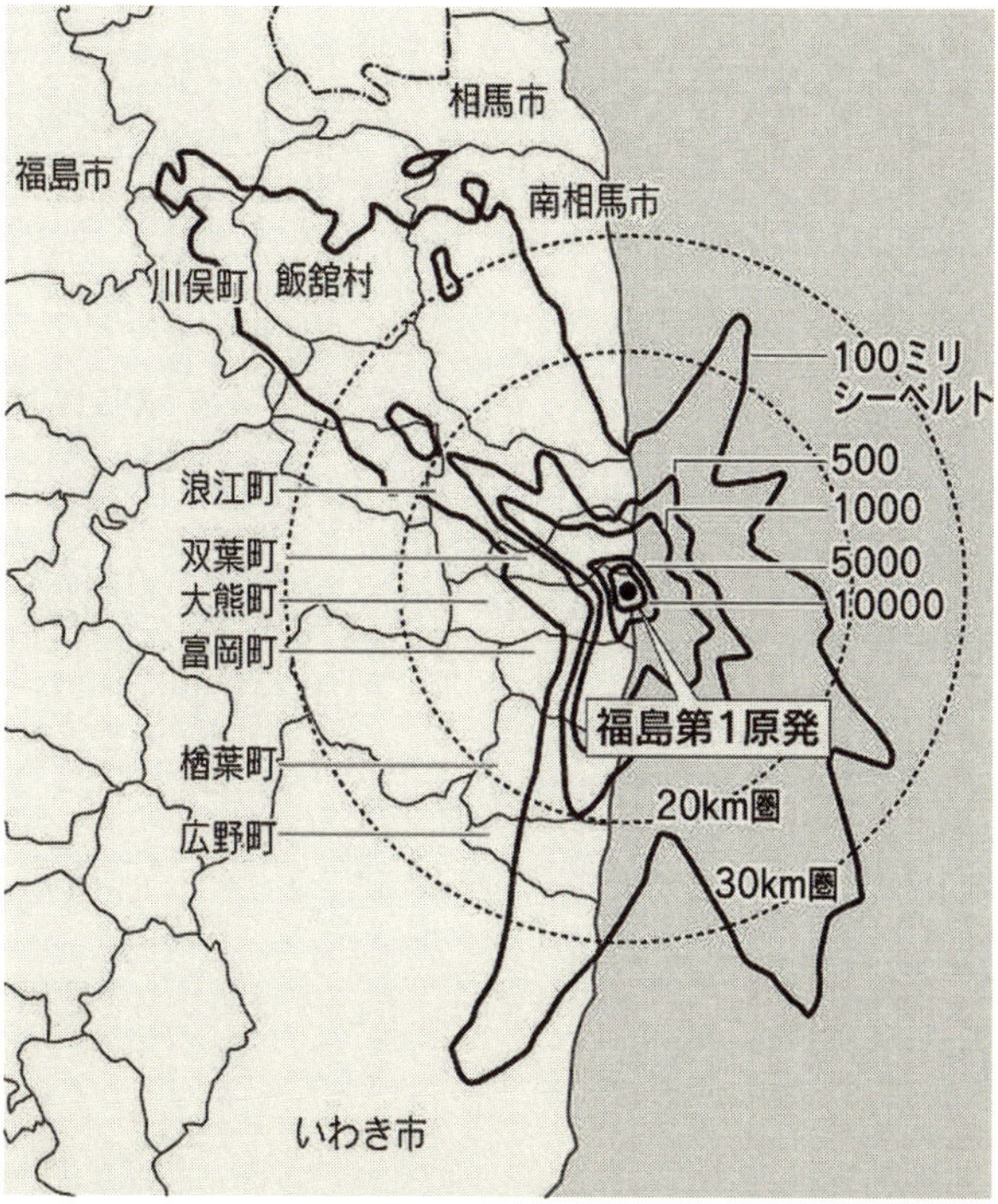

(注)3月12～23日に1歳児が1日中屋外で過ごしたと仮定した場合の積算値

図2-4　23日にようやく初めて公開されたＳＰＥＥＤＩを使った汚染推測図（原子力安全委員会資料より）

Administration＝NNSA）＝の専門家33人が、8トン近い機材を持って日本に乗り込み、すぐさま周辺地点での観測データを集めて解析を開始した。

そして22日には、最初の「汚染状況マップ」を公開する（図2－3）。

これを見ても、1Fから真っすぐ北西に汚染エリアが延びていることがはっきりわかる。

当然、このデータは日本政府にもすぐに伝えられていたはずだ。

原子力安全委員会がSPEEDIによる「放射性ヨウ素の拡散推定マップ」をようやく出したのは23日夜のこと（図2－4）。つまり、アメリカが全世界に向けて汚染地図を公表した22日の翌日だ。これ以上は隠しきれないと判断したのだろう。

県はSPEEDIのデータを13日に入手していた

このSPEEDIの放射能拡散予測地図データは、国だけが知っていたわけではない。福島県が国に対して提出を求め、3月13日午前10時37分に保安院から県にファックスで最初の30枚が送信されていた。13日といえば、15日の大汚染が起きる2日前だ。

ところが、県はこれを公表せず、周辺自治体にも情報を与えなかった。

このことが明るみに出たのは5月になってからだ。5月6日の自民党福島県議会議員会政調会で県側が告白し、翌7日、地元紙の福島民報が記事にした。

その後、5月19日に開かれた福島県議会5月臨時会で、自民党の吉田栄光議員（双葉郡選出）が、公表をしないと決断した担当責任者である佐藤節夫生活環境部長を追及している。質問場面がユーチューブにもアップされているので僕も見たが、佐藤部長は、「受け取ったデータは過去の予測のものであって、そこに記されたデータ、数値も信用するにたり得ないものだったし、国も公表していないデータだから公表しなかった」と説明している。

佐藤部長はじめ、県の職員にはデータを活用するだけの知識や技量がなかったわけだ。素人であることを考えると、そのこと自体は一概に責められないかもしれない。

最も責められるべきは保安院や文科省だ。

担当部署である自分たちがいち早くデータを読み取って指示を出さなければならないのに、自分たちには指示を出す権限はない、と逃げる。出せと言われればデータを出すが、その後の判断は受け取った側の問題だ、という態度。

自分たちはこの分野の専門家だという誇りもなければ、国民に雇われている、税金で食べさせてもらっているという自覚もない。

しかし、県もこのことを一切表に出さず、5月まで隠し続けていたのだから同罪だ。絶対に県民を守り抜くのだという気概と決意がまったく感じられない。

こうして、我々の払った税金を注ぎ込んだ予測システムが吐き出したデータは、国民に知らされることなく、いちばん必要なときに封印された。入手できたのは海外機関だけだった。

日本国民はネット上にバラバラに出てくる細切れのデータを探し回り、自分たちで状況を判断していくしかなかった。

文科省のモニタリングカーによる線量計測は16日以降毎日続けられ、逐一測定値がWEB上に

ＰＤＦファイルで発表されていたので、まずはそれをダウンロードして見ることになる。僕もそれを毎日チェックしていたが、計測地点が増えるにつれ、北西方面が高く、20キロ圏内でも低い場所が多数あることがわかった。

3月18日17時24分、僕はしげるさんにこうメールしている。

「原発から北西30キロ地点での計測値が、

17日　14時00分　１７０・０マイクロシーベルト／時
17日　15時00分　１５８・０マイクロシーベルト／時
17日　15時15分　　７８・２マイクロシーベルト／時
18日　11時33分　１４０・０マイクロシーベルト／時

……と、常に高いのが気になります。川俣町の北あたりでしょうか」

以下、しげるさんとのやりとりをそのまま記してみる。

○17時38分　しげるさん

「情報ありがとうございます。

正直、計測値と風向きを常時画面に出しておくべきです。

判断基準となるマニュアルを作成して配布し、ある程度の判断を個人に任せるのもひとつの選択肢です。

絶対に避難しなければならない範囲に来たら、強制避難を勧告するようなこともありですね」

○17時46分　たくき

「▽正直、計測値と風向きを常時画面に出しておくべきです。

そうなんです。それがないので、分散している情報、データをいちいち自分でまとめなおしていかないと把握できなくて。

さっき、コンパスを買ってきました。半径何キロとか北北西とか言われてもどこのことなのか分かりません。地元の人間には、○号線の△交差点、と言ってもらったほうがはっきりとわかるのに、バカじゃなかろうか。

いまのところ、川内村や郡山は安全なレベルだと思いますのでご安心ください」

○17時55分　しげるさん

「▽いまのところ、川内村や郡山は安全なレベルだと思いますのでご安心ください。

さっそくの返信ありがとうございます。

ひとまず安心です。

ありがとうございます!!」

○18時4分　たくき

「最新情報です。

川内村　R399と小野富岡線がぶつかる交差点から少し南での計測値

3月17日11時50分　2・1マイクロシーベルト／時
3月17日15時00分　2・0マイクロシーベルト／時」
（これ以降、川内村内での測定値見つからず）
114号津島から川俣にかかるあたり
3月18日13時32分　150マイクロシーベルト／時
どうも葛尾と川俣の境、峠があるため、吹きだまる感じです。ここが常に最高値を示します。文科省の計測でも他の計測でもそう出るので、測定ミスではないようです。その先ずっと北西の延長上に福島市があり、福島市内での数値も距離の割に高いです。
114号の津島近辺での数値が突出して高いのは、多分、地形によるものだと思います。山（稜線）からすぐ東（海側）にいる人たちはすぐに避難すべき。
葛尾村や川俣町の役場関連の人たちに伝えられたら伝えてください。テレビでは数値が高い場所の地名を言わず、隠しています！（画面がそこで切り替わる）」

○18時40分　しげるさん

「ありがとう！
連絡します」

わかりにくい場所にひっそりとアップされた情報を追い求め、ネットやケータイが遮断された現地に残っている仲間などに本当の最新情報を伝えようと、毎日パソコンの前に座り続けていたのは僕だけではない。ツイッターやミクシィ上では、こうした情報が飛び交っていた。

後に有名になった飯舘村の青年・佐藤健太さんなども、動こうとしない村に苛立ちながら、ツイッターで村民やメディア、国に対して呼びかけ続けていた。

報道は肝心な情報を伝えてくれなかった。それどころか、地上波テレビでは、リポーターが文科省測定値関連の内容に触れると、意図的に画面を切り替えて特定の地名が出ないようにする場面さえあった。

この時期、報道は地名を出すことに非常に神経質になっていたと感じる。パニックと「風評被害」を煽るという批判を恐れたのだろう。

風評被害については別途詳しく書くが、1Fから放出された放射性物質が広範囲に空気、水、土を汚染したことは「風評」ではなくて現実の被害なのだ。隠されてしまうとますます被害が深刻になる。実際、7月になって発覚したセシウム汚染牛肉問題などはその結果といえる。

経験のないこと、想像していなかったことが起きていたのだから、様々な現場で対応しきれなかったのは仕方がない。しかし、なんとかしなければ、とか、ひとりでも多くの命を救わなければ、守らなければ、という気概が感じられない現場が多すぎた。

保安院、東電の会見はその最たるものだろう。

まるで他人事のようなコメントが次から次へと出てきて、唖然とするというのを通り越し、最後は気持ちが悪くなる。

そうしている間にも、人がどんどん倒れ、死んでいった。

津波と放射能汚染のダブルパンチを受けながら救援が入らず孤立した南相馬市からは、悲鳴に近い市長の声が連日伝わってきた。

南相馬市は人口が約7万人。避難指示が出た原発周辺自治体の中では最も多くの住民を抱えていた。

海岸沿いは津波が襲い、車の中や瓦礫の下に生きたまま閉じ込められた住民もいたはずだが、20キロ圏内には放射能を恐れて自衛隊すら入らない。建物の被害がなかった住民たちはそのまま残っていたが、放射能を怖がって物流が途絶え、物資が届かない。15日以降は内陸部などでかなり高い放射線が計測されていたが、住民に伝えられなかったために、逃げる手段を持っていた住民も知らないまま被曝した。

桜井勝延南相馬市市長は、連日のようにテレビ番組やユーチューブでこの惨状を訴えたことで有名になり、タイム誌が選ぶ2011年版「世界で最も影響力のある100人」に選ばれたが、なんとも悲しく、虚しい選出だ。

これからどうなっていくのか。誰もがわからないまま、不安と混乱の日々が続いていた。

イギリスから線量計が届いた

3月13日の午後、川崎の仕事場に着いて、翌14日、真っ先にやったことは放射線量計の注文だった。

国内の計測器販売業者のサイトで、まだ売り切れになっていないことを確認し、いちばん安い線量計を注文した。2万8000円。

レジカゴシステムは普通に注文を受け付けてくれたが、これはすでに売り切れているのではないかと思い、同時に海外の販売サイトも検索し、イギリスのショップでも注文しておいた。

案の定、国内のショップは数日後に「まことに申しわけありませんが在庫がなく……」というメールが入った。イギリスのショップからは支払い処理した直後には、「支払いを確認したのでこれから発送する」というメールが届いた。

このイギリスのショップも、その後すぐにすべての商品が「SOLD OUT」表示になり、注文不能になった。まさに滑り込みセーフだった。

届くだろうかと心配していたが、19日の昼に無事届いた。

RADEX RD1706というロシア製の製品で、ポケットに入るコンパクトなタイプ。RADEX RDシリーズの中では高級品で、放射線量の測定可能範囲は0・05〜999マイクロシーベルト／時。つまり、1ミリシーベルト／時まで計れる。

数多く売られているRD1503という普及機は、測定可能上限が2桁低い9・99マイクロシーベルト／時なので、いまの福島県内では振り切れて測定不能になる場所が多数ある。国内のショップで最初に注文し、売り切れになっていたのはこのRD1503だった。

そんな場所には近づきたくないが、測定範囲が広いに越したことはないと考え、値段も数千円しか違わなかった（送料込みで216ポンド）のでRD1706のほうにしたのだった。

ガンマ線を0・1〜1・25MeV（ミリオン・エレクトロン・ボルト。イオン・素粒子などのエネルギーの単位)、ベータ線を0・25~3・5MeVの範囲で測定でき、その総量をリアルタイムにマイクロシーベルト/時の値に換算して表示する。

警告設定値以上になると警告音やバイブレーションで警告を発する。電源は単4電池で、1本でも2本でも動く(2本入れておけば作動持続時間が長くなる)。

丸い操作ボタンが3つあるだけのシンプルさ。各ボタンにはマークも付いていない。

でも、説明書を読んだら(説明書は幸いロシア語ではなく英語だった)、想像していたよりはるかに簡単・明瞭な機械だったので安心した。

テレビに解説者役でよく登場していた「赤眼鏡」こと東工大の澤田哲生助教が同じものを持っていて(同じ形なので、RD1503か1706かまではわからなかったが)、東京のテレビスタジオの中でそれを示しながら「このスタジオでは◯◯マイクロシーベルトですね。まったく安全です」などとやっていた。ああ、赤眼鏡も同じのを持っているのかと、一種ユーザー仲間意識を抱いたりもした。

事故直後に「専門家」と呼ばれる学者たちが何人もテレビに出てきたが、その中でも澤田助教は、派手なシャツと赤いフレームの眼鏡で、かなり目立つ存在だった。

「ちょいワル親父風だな」「遊び人じゃないのか」「澤田センセイ素敵」「インチキ臭さナンバーワン」「東電のお気に入り御用学者じゃないのか」……などなど、様々なコメントがネット上に溢れていたが、中でも苦笑してしまったのは「どっちにしろ、澤田哲生は、湾岸戦争の江畑謙介のようにはブレイクしないだろう」という「総括」風のつぶやきだった。別に当人はブレイクしたくて出ていたわけではないだろうに……。

おっと、脱線した。話を線量計に戻そう。

僕は当初「ガイガーカウンター」と言っていたのだが、この言葉を聞いたことがないという人がとても多いことに気づき、いまはなるべく「放射線量計」「線量計」という言葉を使うようにしている。ガイガーカウンターは誰もが知っている普通名詞だと思っていたのだが、知っているのはウルトラマン世代だけだったのかもしれない。

ところで、この頃は、線量計を探している人をバカにするような発言もあちこちで見られた。「おまえらのようなおっちょこちょいが買い漁るから足りなくなって現場で必死に作業している東電社員でさえ持てなかったりするんだ」とか「線量計は初期設定や調整が難しいから、素人には到底扱えるものではない」などという内容が多かったが、どちらも間違いだ。

東電で線量計が不足したのは、1Fに保管してあった数千個が津波でやられて使えなくなってしまったから。そもそも、作業員たちが持たされているのは積算量を計るタイプで、リアルタイムに線量を表示するタイプとは違うものだ。

初期設定や調整という話も、研究所にあるもののことであって、一般に売られているポケット線量計は誰にでも簡単に使える。温度計と何ら変わりない。

ただ、後で少しずつ知っていったことだが、一般向け線量計はいろいろなタイプがあって、表示される数値を単純に比較できないし、正確でもない。

計測方法で大別すると、ガイガーミューラー管（GM管）方式とシンチレーション式がある。

安いものはGM管方式が多い。

僕が買ったRADEXシリーズもGM管方式で、ガンマ線とベータ線を測定して、その合計を出すタイプ。ガンマ線だけ、ベータ線だけの測定はできない。アルファ線は計測そのものができない。

線量計によっては、

○ガンマ線しか計れない。
○ガンマ線とベータ線が計れるが、別々に測定する必要があり、単純に合計では表示しない。
○ガンマ線、ベータ線、アルファ線のすべてが計れる。

……などなど、いろいろある。

ガンマ線しか計れない測定器とベータ線も一緒に計れる計測器を並べれば、ベータ線が出ている場所ではガンマ線しか計れない計測器のほうが低い値を出すことになる。しかし、ベータ線は到達距離がごく短いので、放射性物質が存在する場所（例えば地表）から離れれば離れるほどベータ線量はゼロに近づき、ガンマ線だけ計ったときと同じような数値になる。

こういうばらつきや、計測器ごとの誤差があるから、正確な数値を出すことは所詮無理だし、違う機器で計った数値を単純に比較することもできない。

例えば、６月になって川内村でも独自に村内の放射線量を測定して発表するようになったのだが、僕が計った数値より概ね低く、しかも、地表1センチ、50センチ、1メートルで計った数値がほとんど同じ、中には地表がいちばん低い値が出る場所もあるという奇妙なものだった。

セシウムからはガンマ線だけでなくベータ線が出ているので、ベータ線も一緒に計測する線量計であれば地表付近の数値がぐんと高くなる。ベータ線は空気中でもせいぜい1メートルくらいしか飛ばないので、1メートル以上離れればほとんど計測できないからだ。地表1センチ、50センチ、1メートルで数値がほとんど変わらないということは、この計測器ではガンマ線しか計っていないということだろう。念のため、計測に使ったという機器（Polimaster PM1703M）の取扱い説明書と仕様書をWEBで探してダウンロードして読んでみたところ、やはりこの機器はガンマ線のみを計測し、ベータ線は計測しないということがわかった。一般に「空間線量」という場合はガンマ線のみを計っていることが多いのでそれでいいのだが、であれば、この機器で地表1センチを計っても差が出ないはずだからあまり意味はない。

実はセシウム137からガンマ線が出るというのは正確な言い方ではない。セシウム137はベータ線を出して崩壊してバリウム137になるが、その際、約94%は放射性のバリウム137m（半減期2・6分）を経る。このバリウム137mがさらにガンマ線を出して崩壊して安定バリウムに変わる、ということなのだが、そうした細かい話は重要ではない。

学者や技術者の中には「市販の安い線量計では正確なデータなど得られない」と言っている人たちがいるが、ラボの中で数字とにらみ合っている人たちにとっては数値の正確さは問題だろうが、我々汚染地域に住む人間にとっては正確さなど二の次なのだ。0・1マイクロシーベルト／

時前後の狂いはあってあたりまえと思って使っている。それでも、線量が高いところと低いところははっきりと把握できる。このことが最重要なのだ。だから、線量計というものはどんなタイプのものであれ、極めて有効な道具だった。

恐れるべきは放射線そのものではない。ガンマ線の外部被曝だけなら別に1マイクロシーベルト/時でも10マイクロシーベルト/時でもそう怖がることはない。怖いのは、その放射線を出している放射性物質を体内に取り込んでしまうこと。高い線量の場所にはそれだけ放射性物質が多く存在しているわけだから、鼻や口から体内に取り込んでしまう確率が上がる、ということだ。

3ヵ月も経ってから、30キロ圏外にあるいわゆる「ホットスポット」の存在が全国的に知られるようになってテレビでも騒ぎ始めたが、線量計を持って移動していた人間は、とっくにそのことを知っていたし、実体験していた。

もし、あのときにイギリスのショップでRADEXを買えなかったらと思うとぞっとする。その後の行動に自信が持てなかったし、得られる情報が質量共に大幅に低下したことは間違いないからだ(ちなみに、大活躍した1706は8月半ばに壊れてしまった。もう少し長生きしていてほしかった……)。

このときショップに支払った金額は送料込みで216ポンド。2万8000円くらいだったが、その後、同じものが中古で10万円以上の価格をつけてヤフーオークションやeBay、アマゾンなどで売られているのをたびたび目にした。買い占めたやつが高く売りつけて儲けていたのだ。

少しずつわかってきた川内村周辺の汚染状況

川崎の仕事場にイギリスから線量計が届いた3月19日、川内村の外れ、電気の来ていないことで有名な「獏原人村」に住むマサイさんが、避難先の茨城県坂東市（奥さんの実家がある）から鶏の世話をするために川内村に戻った。

マサイさんは獏工房のまもるさんと同じR－DANという線量計を持っている。このR－DANはチェルノブイリ事故後から売られていたもので、マサイさんが持っているのも20年くらい経過している年代物。計測単位はｃｐｍ（count per minute）で、1分間に飛び込んでくるガンマ線の計測回数を表示するタイプだ。

マサイさんが3月19日に茨城県坂東市と川内村の自宅を往復したとき、車に積んでいたR－DANの計測値（ｃｐｍ）をミクシィで発表している。

それによると、出発地点の坂東市で20ｃｐｍ。東北道で北上するにつれ上昇し、那須で出発地点の10倍にあたる２００ｃｐｍ、郡山では４００ｃｐｍにまで上昇。

ところが、その後、磐越道に入って原発に近づいていくと逆に低くなり、小野町では60ｃｐｍにまで下がった。しかし、そこから山を越えて川内村に向かうと、いわき市の荻で３００ｃｐｍに上昇し、川内村に入る峠では１０００ｃｐｍにまで上昇。そこを過ぎると上がったり下がったりを繰り返して、自宅のある獏原人村では２００ｃｐｍだった。

帰りは常磐道ルートで坂東市に戻ったが、いわき市の戸渡では４００ｃｐｍ、いわき市街に入

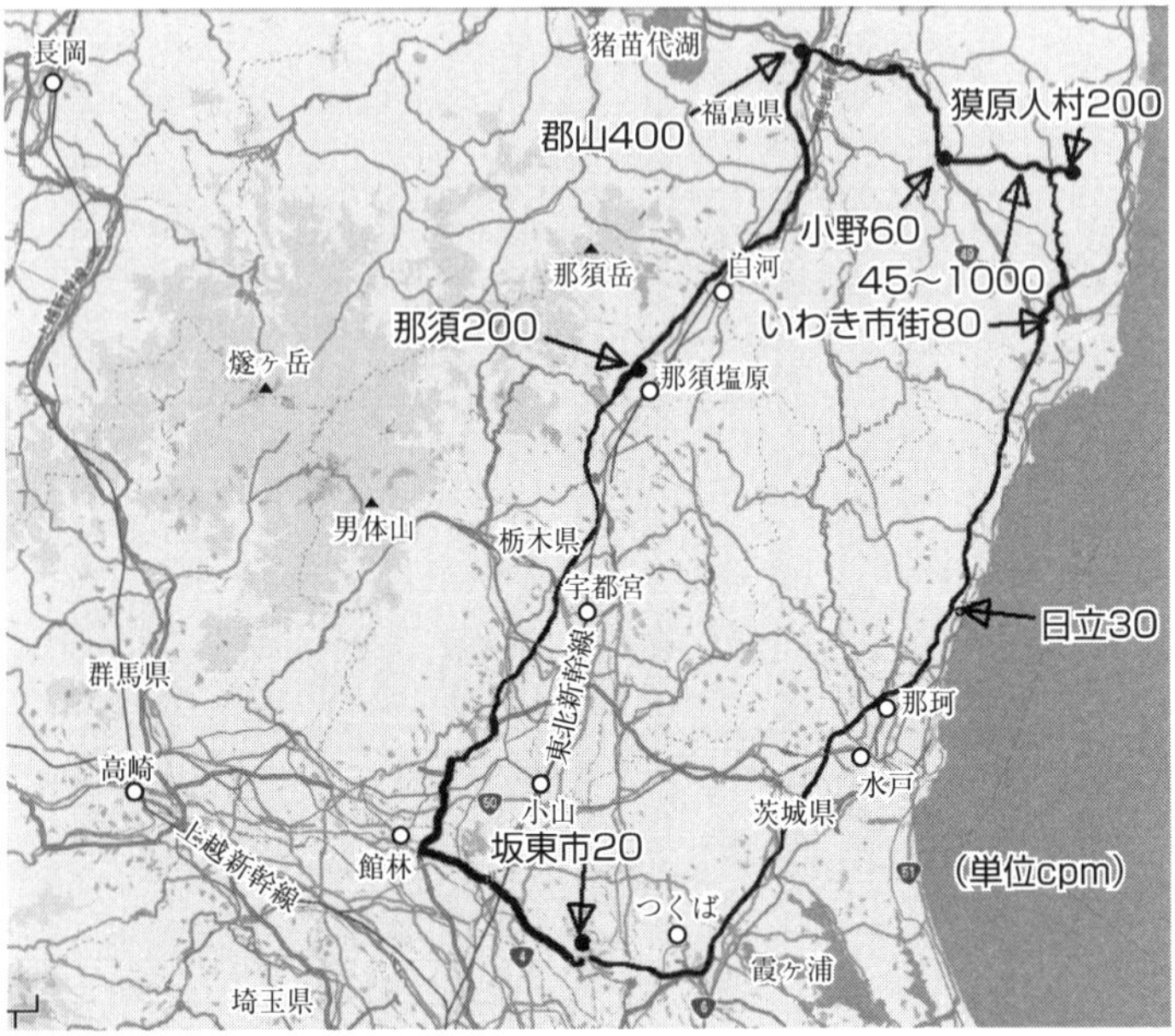

図2-5　マサイさんの帰宅ルート図

ると下がって80ｃｐｍ、日立では30ｃｐｍ、坂東市に戻って20ｃｐｍだったという。

すでに、郡山市や那須がかなり高いことがはっきり読み取れる。また、いわき市と川内村の境界にある「ホットスポット」の存在も正確に出ている（図２－５）。

このときはマサイさんも「標高が高いところは数値も高い傾向」というくらいの認識だったが、後にこのエリア（いわき市荻や志田名《しだみよう》）にホットスポットがあることがＮＨＫの番組（『ＥＴＶ特集』「ネットワークでつくる放射能汚染地図～福島原発事故から２ヵ月」２０１１年5月15日）などではっきりしてきた。

線量計を持っていた僕やマサイさ

測値を見られるかどうかがどれだけ大きな意味を持つかを思い知らされた。

さて、川崎の仕事場に線量計が届いた日の話に戻る。

届いたばかりの線量計でさっそく屋内の線量を計ってみたところ、０・１５マイクロシーベルト／時前後を示した。

「平時」であれば、日本における大地からのガンマ線空間線量率は０・０２４〜０・０８マイクログレイ／時（ガンマ線ではグレイ＝シーベルトと同じ数値になるのでマイクロシーベルト／時と同じ）であり、ラドンを除く自然放射線による年あたりの線量当量率は、約１・１マイクロシーベルト／時だそうだから、２〜７倍程度だ。

ふうん、こんなものか、というのがそのときの感想だった。

とりあえず川崎市、というか首都圏では危険な線量は記録されていない。

しかしこの時期、ニュース報道では「３号機で炉心溶融が起きているため、格納容器に穴を開けて圧力を下げないと危ない」などと言っていた。

すでに、３号機も４号機も無残な姿を晒していた。建屋の遮蔽はすでにないわけで、格納容器が剥き出しになっている。その格納容器に穴を開けるということは、高濃度の放射性物質が風に乗ってばらまかれることを承知の上でそうするという話だ。そうしないと爆発する状況まで来てしまっているということか。

あまりにもひどいことが次々に明らかになっていく中で、日本国民は徐々に危険感知本能が麻痺し始めていた。

まいったなあ、うんざりだなあとテレビを見ていると、目の前に置いてあった線量計が突然ピピッと音を発し、ウイ〜ンという振動音を出しながら動いた。

え⁉

取扱い説明書には、デフォルト（初期設定値）で、０・３マイクロシーベルト／時を計測すると警報音とバイブレーションで警告すると書いてある。警報が作動したということは一瞬でも０・３マイクロシーベルト／時を超えたということだ。

その後も頻繁に警報は鳴った。

文科省が発表している全国の測定値では、前日3月18日の空間放射線量は、東京（新宿区）や神奈川（茅ヶ崎）で０・０４マイクロシーベルト／時、宇都宮市が０・１５マイクロシーベルト／時、水戸市が０・１７マイクロシーベルト／時となっていた。

宇都宮市や水戸市の数値はまあ信用できるとして、新宿や茅ヶ崎の０・０４マイクロシーベルト／時は怪しいと、そのときからすでに感じていた。

案の定、後になって、新宿区の測定は地上十数メートルで計っていて、地表に近いところの線量数値とはほど遠いということがわかった。

腹立たしいことではあるが、いまの日本、特に福島周辺に暮らす我々にとって、放射線量計は必須アイテムである。

しかし、入手困難状態はその後も長く続いた。

ちなみに、事故直後から、アメリカ、フランスなど世界各国から数万台の放射線量計が寄贈されていたが、それらのほとんどは成田の倉庫に留め置かれたまま配布されていなかったことを、5月19日の参院厚生労働委員会で福島瑞穂委員（社民党）がすっぱ抜いている。これに対する国側の答弁はしどろもどろでひどいものだった。

例えば、フランスから個人線量計が送られているが、この数が、中西経済産業大臣審議官は１４８９個だと言っているのに対して政府は受け取ったのは３１０個だと答弁している。しかも、そのフランスからの線量計は東電に渡したということになっているが、東電では受け取っていないと答えている、などなど、滅茶苦茶なのだ。

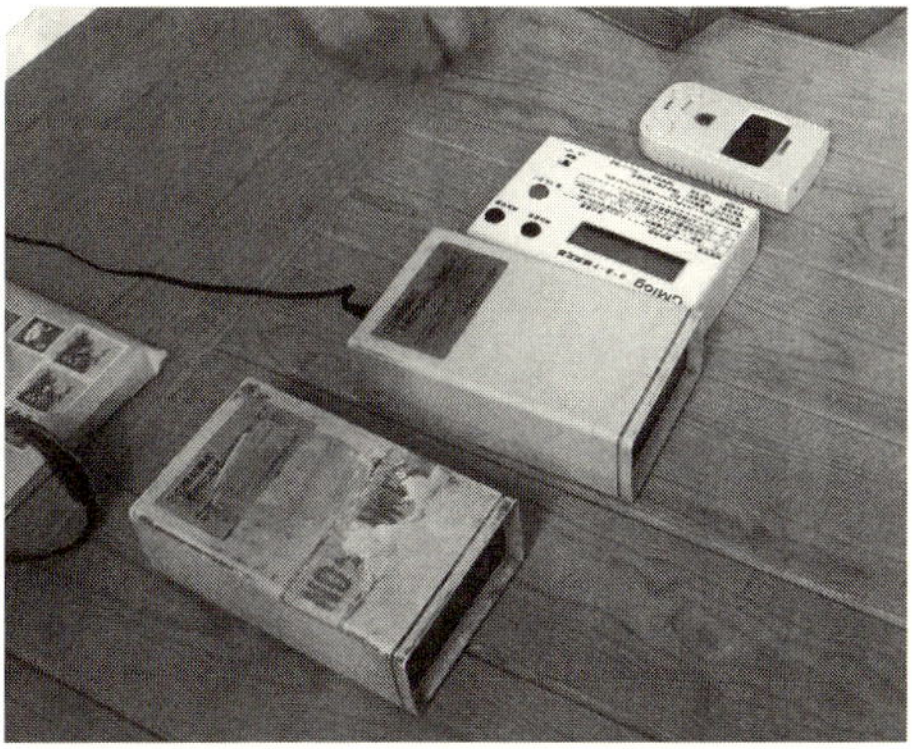

図2-6　４月28日、村の友人たちが集まって飯を食ったときには線量計も集まった。手前の２つがマサイさんとまもるさんのＲ－ＤＡＮ。いちばん奥が僕の持っているRADEX

世界的に線量計が不足したのは、このように国家が日本に緊急援助品の一環として送ったことも一因だろう。それが少しも配られず、倉庫に留め置かれていたというのだから、どうにもならない。

線量計飢餓状態は、7月後半になってようやく落ち着いた。ＲＡＤＥＸと同じＧＭ管を使ったＳＯＥＫＳ－01Ｍという新製品が大量に出回り、価格も国内で２万円台まで下がったからだ。しかしこれがロシア政府公認の製品というのが悲しい。なぜ日本でもっと早く国産品を大量生産し、配れなかったのか（図2－6）。

まだ線量の高い川内村に「一時帰宅」

川崎市の仕事場に逃げてきてからは、状況が落ち着いたら一度川内村に戻らなくてはとずっと思っていた。しかし、ガソリンが手に入らず、動けなかった。

3月12日の夕方、1号機の爆発シーンを見て逃げたときは相当慌てていた。すぐに戻って来られる気がする一方で、もしかしたらもう戻れないかもしれないという思いもあった。

逃げるとき、車の中のスペースはかなり空いていた。最後に、愛用のギターを1本だけ積んだが、その他、いろいろなものは置いてきていた。

村に泥棒が入ってテレビを盗んでいった、などという話も伝わってきていた。

なによりも気がかりだったのは、隣の犬・ジョンや、毎日我が家に通ってきていた野良猫のシロとしんちゃんのこと。シロは12日の夕方、僕らが逃げるときには、定位置の椅子の上で熟睡中だった。いつもは夜にならないとやって来ないのに、その日はなぜか昼間から来て寝ていた。

外に置いた洗面器2つにドライフードを山盛りにしてから、シロを抱え上げて強制的に外に出し、戸締まりをした。シロはなんで外に出されたのかわからずキョトンとしていたが、僕らの行動に異様さを感じたのか、すぐにどこかへ消えていった。

ジョンはお隣の犬だから勝手に鎖を外すわけにもいかず、そのままにしてきたが、全村避難となったと聞いた後は、ジョンが放されたかどうかがいちばんの気がかりだった。

幸い、隣のけんちゃんのケータイとつながって、ジョンの鎖は外してきたと聞いてほっとしていたのだが、ジョンがどうなっているのかが気になる。

政府が30キロ圏内には立ち入り禁止などという措置に出たら、家に置いてきた物を取り出せなくなる。早いうちに一度戻らなくては。

その際、できることなら村に支援物資を運びたいと思っていた。

村が全村強制避難を決めて郡山ビッグパレットに移動した後も、村には何人かの人が残っていることが伝わってきた。誰が残っているのかという名簿も、村が発表するリストに少しずつ掲載されていた。

そこにうちの近所の人たちの名前はなかった。

ビッグパレットの避難所にいる人たち、ビッグパレットの避難所以外に避難している人たちの名簿も掲載されていたが、うちの近所の人たちの名前はそこからも漏れていた。

奥のきよこさんはどこにいるのか。娘のふみこさんは村内の別の地区に住んでいるが、彼女の名前も見あたらない。

ジョンのお散歩のときによく挨拶する近所のまさおさん（仮名）、そのお姉さんで隣に住んでいるつるこさん（仮名）の名前も見あたらない。

そんな中、ジョンのことで連絡を取ったけんちゃんから、うちのそばの田圃をやっているしまおさん（仮名）はまだ村に残っていると聞いた。そういう人が80人くらいいるらしい。

しまおさんはジョンのお散歩のときにいちばん頻繁に顔を合わせる隣人だ。彼が残っているなら、彼のところに支援物資を運べば近所に分配してくれるに違いない。

そう思って準備を始めた。

けんちゃんは村の総務課職員で、両親を東京の親戚に預けた後、単身、ビッグパレットに出向いていた。けんちゃんに、今必要なものは何かと訊くと、食料や衣類は間に合っているが、とにかく村にはガソリンがないという。

ガソリンかあ……。

個人でガソリンを運ぶのは簡単ではない。ガソリン携行缶はすでにどのホームセンターからも消えていて入手不能だった。

30年くらい前に20リットル缶を買ったことを思い出して探してみると、庭の片隅から錆だらけのやつが出てきた。こんなのにガソリンを入れて運ぶのは命知らずすぎる。

どうしようかなあとミクシィで呟いていたところ、ニシマキさんが、自分が発行している雑誌「自然山通信」の事務所（横浜市）にある20リットル缶2つを提供してくれるという。

25日、そのガソリン携行缶を受け取りに横浜市へ。この頃にはもう首都圏のガソリンスタンドには普通に近い状態でガソリンが流通していた。その帰りに、近所のスーパーで支援物資を買い込んだ。

村の生活はわかっているので、ある程度、不自由しそうなものの想像がつく。米や野菜は自給できているし、保存食のようなものは自衛隊や村の職員が少しずつ運び始めているはず。酒とか食用油とかが切れると辛いだろうなと思って、その手のものを選んだ。

翌３月26日朝、ガソリン40リットルと支援物資を積んで、妻と２人で川内村に向かった。

まともな情報を何も知らされないまま逃げ出すしかなかった12日のときとは違い、今回はある程度の状況把握ができているし、覚悟もある。線量計も持っている。

周辺地域の中では、川内村が奇跡的に汚染度合いが低いこともわかっていた。文科省の発表データを見る限り、福島市や郡山市よりずっと低い。

これなら「ただちに健康に影響が出ることはない」と確信していたが、それでも、いまも１Ｆからは放射性物質がだだ漏れ状態なのだから、いつ急変してもおかしくない。

３号機がついに圧力容器ごと壊れたとか、４号機の使用済み燃料プールが崩れ落ちて中の燃料集合体がぶちまけられたとか、そういう悪いニュースがいつ飛び込んできてもおかしくない。危険は当然ある。

前日はあまりよく眠れなかった。11日、地震があった日の夜には、何度も大きな余震があっても鼾をかいて寝ていたのに、今回は放射能汚染されているとわかっている地域に向かうということがやはりストレスになっていたのだろう。

寝不足のまま、朝８時に出発。

首都高が混んでいて、常磐道に入ってすぐの守谷ＳＡに着いたのは９時10分くらい。

首都高を走っているときから、線量計の警告音は頻繁に鳴っていたが、守谷ＳＡに着く頃には鳴りっぱなしになったので、警告音閾値《いきち》をデフォルトの０・３マイクロシーベルト／時から０・９マイクロシーベルト／時に上げた。

守谷ＳＡ：０・３３マイクロシーベルト／時。川崎市の仕事場の倍以上だが、まだまだどうということはない。

常磐道を進み、太平洋側に近づくにつれ、線量計の数値はどんどん上がり、閾値０・９でも鳴りっぱなしになった。何度も警告音の閾値を変更する。

日立北ＩＣ付近では、走行中の車の中で１・０８マイクロシーベルト／時。このへんはトンネルが続くのだが、トンネルに入ると一気に下がり、０・１～０・５マイクロシーベルト／時くらい。トンネルが核シェルターの働きをしているのだろう。

１Ｆに向かう各地からの救援車輛を追い抜きながらさらに進む。

関本ＰＡ：１・６２マイクロシーベルト／時。

１マイクロシーベルトを超えるとやはり少し身構える。

いわき湯ノ岳ＰＡ通過：２・０４マイクロシーベルト／時。

高速で通過している車内でこの数値だから、外に出てじっくり計ればもっと高いことは間違いない。

いま思えば、これは3月21日の海沿いに水戸方面に南下したルートでの汚染の結果だろう。ヨウ素もまだ結構残っていたに違いない。

いわきジャンクションから磐越道に入るところまでは高かったが、磐越道を西に折り返すように進むにつれ、線量はどんどん下がっていった。

差塩《さいそ》PA：0・45マイクロシーベルト／時。

小野ICで降りると線量は一気に下がった。町の中では0・29マイクロシーベルト／時くらい。

いわき湯本あたりでずっと1を超えていたことを考えると、小野町の汚染は本当に低い。

帰りのことを考えるとガソリンを満タンにしたいところだが、やはり町の中のスタンドはほとんど閉まっている。開いているところは長蛇の列だった。首都圏ではすでにガソリンは通常並みに戻っていたから、福島県内への流通が遅れているのだ。

小野町から川内村までは、普通は滝根経由で行くのだが、この小野富岡線（通称さんろく線）が川内村直前で工事をしていて通れない。もうすぐ通行止めが解除されるというところで震災が起きたので、工事は放り出されたままだ。

仕方なく、いわき市の鬼ヶ城という施設の横を抜けて行く10キロ以上遠回りのルートを進む。山に入った途端、車が1台も見あたらなくなる。もともと人口密度が低い場所だから、車とすれ違わないのは普通のことなのだが、これから30キロ圏内だと思うと、静けさがいつもとは違う不気味さとして感じる。

天気予報では一日中晴れのはずが、ここに来て雪がちらつき始めた。

ただでさえ放射性物質が怖いのに、雪は最悪。なんでよりによってこんなときに。

雪が積もり始め、鬼ヶ城の横を抜けるあたりではスタッドレスタイヤでもスリップした。

しかも、線量計がけたたましく鳴り続ける。

見ると5・6マイクロシーベルト／時。こんな高い数字は、線量計を買ってから初めて見る。

こんなところで側溝に落ちたり、エンコしたりしたらたまらない。

緊張しながらゆっくりゆっくり、事故だけは起こすまいと言いきかせながら進んだ。

山を越えて下まで降りると線量計の数値も下がってくる。

川内村に近いいわき市荻のあたりで3マイクロシーベルト／時あったのが、ちょっと走るだけで一気に1マイクロシーベルト／時まで下がる。

村に入るとさらに下がって0・8マイクロシーベルト／時。

やっぱり川内村の中は、1Fからの距離を考えると奇跡的に汚染が低かったのだ。

ほっとしながら家に着いた。

我が家は両側が雑木林で、家の屋根の上にまで木の枝が伸びているような環境なので、周囲より線量が高い。

家の外では1マイクロシーベルト／時を超え、ときどき2マイクロシーベルト／時を超える。

この頃には、線量計の警告閾値を1・6マイクロシーベルト／時に上げていた。そうでもしないと鳴りっぱなしでうるさいからだ。

妻を降ろし、そのまま近所の（といっても1キロ以上離れている）しまおさんの家に向かった。

空が一気に暗くなり、雪が激しくなってきた。レインコートのフードを被り、マスクをして、しまおさんの家に車をつける。

玄関に出てきたしまおさんは、幽霊を見るような顔で僕の姿を見ていた。しばらく僕だとわからなかったようだ。

しまおさんは一度はビッグパレットに避難したものの、老齢の親を抱えているため、すぐに家に戻ってきたのだという。

やはり、年寄りには避難所の集団生活は辛い。トイレや風呂も自由にならないし、床の上に寝泊まりでは、たちまち体力や神経が消耗する。実際、すでにあちこちの避難所でお年寄りが何人も亡くなっていた。

お年寄りには、被曝のリスクより避難することによるリスク（ストレスから来る死）のほうがはるかに高い。被曝がどうのよりも、いつも通りの家の生活に戻ったほうがずっといいという判断は当然のことで、僕もしまおさんの立場だったらそうするだろう。

村には電気が来ているし、水はもともと水道がなく、全戸が井戸か沢水利用だから、電気さえ来ていれば水も普通に出る。食料も、みんな兼業農家だから備蓄は十分ある。

問題は通信の遮断で誰とも連絡が取れないこと、テレビ以外からは情報が入らないことと、ガソリンがないために移動ができないことだ。村の中にわずかにあった店もすべて閉まっているから、物資を得るためには小野町や田村市まで出なければならない。往復すると50キロは走ることになるので、たちまちガソリンがなくなる。

いざというときのために最低5リットルは残しておきたい。5リットルあれば郡山あたりまで逃げられる。しかし、村に残っている車はほとんどガス欠状態だという。

役場のけんちゃんの話では、ガソリンさえあれば移動ができるので避難するという家には20リットルずつ配給が完了したというのだが、しまおさんのところではやはりガソリンはないという。運んできた40リットルのガソリンがいちばん喜ばれた。

東北人は大人しく忍耐強い人が多いので、こんなときでも他の人たちのことを考え、避難しないことに決めた自分たちに「ガソリンよこせ」とは強く言わないのだろう。

運んできたガソリンとささやかな救援物資を託し、近所で必要な人たちに分けてくださいと頼んですぐに家に戻った。

家の中は1マイクロシーベルト／時をちょっと切るか切らないかというレベル。外よりは低いが、気持ちのいい数値ではない。

最初にやったのは野良猫たちのご飯の補給。しかし、ネコたちは顔を見せなかった。それから改めて家の内外を点検しつつ、持ち出せなかったものを車に積んだり、いろいろとやるべきことを片づけた。

悩んだのは、車のタイヤをどうするかだった。スタッドレスを履いたままなのだが、このまま長期間ここに戻れないとなると、スタッドレスのまま春になり夏になる。できることならノーマルタイヤに交換してからここを離れたいと思っていたのだが、雪が積もり始めている。ノーマルタイヤに履き替えたら、雪の積もった鬼ヶ城の峠でスリップして帰れなくなる恐れがある。あんなに線量の高いところでスタックでもしたら最悪だ。ケータイが通じないから、助けも呼べない。

　それに、タイヤ交換は重労働なので、呼吸が荒くなる。這いつくばったり息を切らしたりしながら、泥のついたタイヤを扱うのだから放射性物質を余計に吸い込むだろう。

　タイヤには放射性物質が確実に付着している。地面には放射性物質を含んだ雪が積もってぐちゃぐちゃになりつつある。こんな環境で汚れ仕事はしたくない。

　一度、二度、三度考えて、やはりやめようと思ったのだが、最後、何度目かに考え直して、えいやっとやることにした。

　この程度のこともできないようなら、これから先が思いやられる。大丈夫なのだと言いきかせるためにも。

　我ながらバカだなあと思う。

　車をジャッキアップしながら、放射性物質だらけの1Fで、いま、作業をしている人たちの恐怖を改めて思い知った。

　現在の我が家は1F構内に比べればはるかに放射線量が低い。それどころか、郡山市内、福島市内よりもずっと低い。線量計の数値もそれを証明している。それでも、雪が降る中、外にいるだけで怖いのだ。テレビで、雪がちらつく屋外で濡れながらインタビューを受けている避難者の映像を見ているときは、「テレビカメラになんかつき合わず、早く屋内に引っ込んでじっとしていなさいよ」と思うのに、人間、いざ、目の前に作業目標があると、やってしまうものなのだなあ。

マスクをしても、眼鏡が曇って何も見えなくなるので結局はマスクを外すしかない。これも原発作業員と同じ。ゴーグルやマスクをしていると曇って何もできないから、最後は外してしまう作業員が多い。

衣服に雪や泥をつけるといけないとわかっていても、実際には、這いつくばったり、濡れるのもかまわずに外で動いたりしなければならない場面があれば、そうしてしまう。

いま、1Fの現場では国の命運がかかった作業をしている。必死になるあまりに長靴を履かず、溜まった水がくるぶしに入ってくるくらいのことはいくらでも起きるだろう。それを不注意だとか準備が甘いなどと責めることはできないよなあと、ホイールボルトを外したり締めたりしながら思った。

文科省の計測によれば、福島市では、3月15日の2号機、4号機の爆発後の夕方、それまでの1・75マイクロシーベルト／時から一気に20・26マイクロシーベルト／時に急上昇した。3月11日以前は0・04マイクロシーベルト／時だったから、とんでもない数値だ。

その後少しずつ下がってきたというものの、僕らが川内村に戻った3月26日の前日25日の時点では、市内の計測ポイントで5・4〜6・9マイクロシーベルト／時を記録していた。それに比べれば我が家の周囲はずっと低い。

いま福島市内で働いている人たちは、いま僕が被曝している量の3倍の放射線を浴び続けている。しかも、それは明日も明後日も続くのだ。そのことを考えれば、線量計が2マイクロシーベルト／時以下を示している倉庫でタイヤ交換することくらいなんてことはない。そう言いきかせた。

そうこうするうちに雪が通り過ぎ、晴れ間が出てきた。積もり始めていた雪もみるみる溶けていく。ほっとした。

家を後にする前、カエル用に作った6つの池を確認。百数十メートル先から沢水を導入しているパイプからは勢いよく水が出ていた。池に近づくと線量計が警告音を発する。瞬間的に2マイクロシーベルト／時を超えたという意味だ。

図2-7　3月26日我が家の庭　雪が積もる中、線量を計ると1.8マイクロシーベルト／時くらいあった

池には放射性物質が溜まっているのだろう。

あちこち移動しながら線量を計ると、家の外は高くて2マイクロシーベルト／時。概ね1マイクロシーベルト／時台。家の中は1マイクロシーベルト／時を行ったり来たり。

線量そのものはまったく恐れるレベルではない（図2－7）。

皮肉なことだが、川内村村民が避難している郡山市より、村の中のほうがずっと放射線量は低いのだ。結果論だが、避難せず、村に残っていたほうがほとんどのひとは被曝量が少なかった。

この家を逃げ出した3月12日の夜、ここの線量は0・1マイクロシーベルト／時程度でまったく問題なかっただろう。でも、情報がなかったから、とにかく逃げるしかなかったし、怖かった。

いまはあのときより一桁高い被曝をしていることがわかっているが、その線量が大したことはないということを理解しているので落ち着いて行動できる。

情報公開とは、かくも重要なことなのだ。

しかし、ネットのつながる環境に逃げた僕は情報を得られるが、村の人たちにはその手段がない。

郡山ビッグパレットに機能を移転させた村役場では、必死に村民の避難先リストを作成してネット上に公開していたが、それをいちばん必要としている村の人たちは、ネットが不通なので見られない。近所の家に行くにも車やバイクが必要だが、ガソリンがないので動けない。電話も使えないから、かたっぱしから近所に電話しまくって、誰が残っていて誰が避難したのかを確認することもできない。

結果、村に残っている人たちは、近所に誰が残っているのかもわからないまま、不安な日々を過ごしていた。

確実に言えることは、川内村に限らず、原発周辺の地域では、急性放射線障害で死ぬ住民はひとりもいなかったが、物資が届かなかったり、インフラが回復しなかったり、ストレスの増大で疲弊したりということが積み重なって死ぬ人がいっぱいいたということだ。

いちばん弱い人たちから順番に被害を被る。現実に、入院患者や老人たちは、原発事故の後に死んでいる。

重苦しい気持ちのまま、家を後にした。

村を出る直前、近所のよしおさん（仮名）の家にジョンがいるのを見つけた。

よしおさんは双葉広域消防に務めているため、避難するわけにもいかず家に残っているという。1Fの現場も間近に見ているという。配布されて身につけている積算線量計も見せてもらった。

よしおさんの家にはもともと飼っている猟犬2匹がいたが、ジョンだけでなく、他の家で放された犬も集まってきていて、にわか犬レスキュー基地になっていた（図2－8）。

図2-8　鎖を解かれ、近所の家でご飯をもらっていたジョン（左端）

よしおさんにジョンのことをよろしくお願いしますと頼んで、夕闇に包まれた県道を走り始めたが、ジョンは全速力で車を追ってきた。振り切るためにアクセルを強く踏む。

次に村に戻れるのはいつのことになるのだろうか。

なんでこんなことになってしまったのか。

怒りと絶望と虚無感が入り交じった重苦しい気持

ちを抱えたまま、僕らは常磐道を東京に向かって走った。

「調査をするな」と命じた気象学会

この時期は、毎日発表される文科省などの線量調査データを追いかけるのが日課になっていた。

文科省の出すデータは、大まかな地図に計測地点が番号で記されているが、地名が記されていない。「測定エリア【3】（約45キロ北西）」などと記されているだけなので、いちいちその大雑把な地図と普通の地図を見比べて、測定地点の地名を推定しなければならなかった。これが改善され、地名が出るようになるのはずっと後、4月12日からだ。それまでの1ヵ月間のデータで地名を出さなかったのは（文科省は否定しているが）故意としか思えない。

ちなみにこの時期、大手メディアでは、1Fから20キロ圏内、あるいは30キロ圏内、40キロ圏内への取材を「自主規制」していた。

鳥越俊太郎氏はいち早くテレビカメラを持って20キロ圏内に入り、取材を敢行したひとりだが、その映像を「うちで放送する」と言ってくれた放送局はなかったという（『毎日新聞』4月18日朝刊）。

そもそも、20キロ圏内には避難指示が出ていたが、この時期にはまだ立ち入りを禁止されていたわけではない。20キロ圏の境界付近には全国各地から応援にかり出された警官が立っていて、検問をしていたが「家に物を取りに行きます」とか「取材です」と言えば「お気をつけて」と言って通してくれていた。

僕が一時帰宅した3月26日も、検問やパトロールの警官には一度も会うことはなかった。検問に備えて、あらかじめ大きく「川内村一時帰宅&物資救援」と印刷した紙を用意し、ビッグパレットの役場からファックスしてもらった村長印の押してある「川内村居住者証明書」なるものを持っていったが、一度も提示するチャンスはなかった。

我が家は1Fから約25キロだが、それより遠い30キロ、あるいは40キロ圏内に立ち入らないと決めた報道メディア。一般人が自由に出入りしている場所にさえ入ろうとしない「報道」とはなんなのだろうか。

何も知らされずに高濃度汚染地域に残っていた人たちに接し、最初に「避難したほうがいいですよ」と汚染の事実を教えたのは、国でも県でも市町村でもマスメディアでもなく、フリーのジャーナリストや学者たちだった。

彼らの装備や機材は決して立派なものではなかった。10マイクロシーベルト／時や20マイクロシーベルト／時までしか計れないポケット線量計を持っていた人たちの場合、線量の高い場所ではことごとく振り切れてしまい、正確な線量が計れなかった。

それでも、国が十分なデータを出してくれなかったこの時期には、貴重な情報だった。

一例をあげれば、僕と妻が川内村の自宅に一時帰宅した3月26日の2日後、今中哲二氏（京都大学原子炉実験所助教）率いる「飯舘村周辺放射能汚染調査チーム」が飯舘村に入り、翌29日にかけて、放射能汚染状況を調査した。

今中助教は、京大原子炉実験所「熊取六人組」のひとり。

熊取とはこの研究所のある大阪府泉南郡熊取町のことで、この研究所が国立大学所属の研究所であるにもかかわらず、国策である原子力推進に異を唱え続けた学者たちに与えられた呼び名だ。彼ら自身は「原子力安全研究グループ」と名乗っており、WEBサイト（http://www.rri.kyoto-u.ac.jp/NSRG/）には、「グループの目的：原子力災害、放射能汚染など、原子力利用にともなうリスクを明らかにする研究を行い、その成果を広く公表することによって、原子力利用の是非を考えるための材料を社会に提供する」とある。

その6人とは、

海老沢徹（1939年～）京都大学原子炉実験所元助教授
小林圭二（1939年～）京都大学原子炉実験所元助手、元講師
瀬尾　健（1940年～1994年）京都大学原子炉実験所元助手
川野真治（1942年～）京都大学原子炉実験所元助教授
小出裕章（1949年～）京都大学原子炉実験所助教（現職）
今中哲二（1950年～）京都大学原子炉実験所助教（現職）

教授になれた者はひとりもいない。

現職は小出氏と今中氏の2人だけになってしまったが、2人とも還暦を超えても肩書はまだ助教（かつての助手）で、准教授（かつての助教授）にさえなっていないことが、いかに理不尽な扱いを受け続けてきたかを物語っている。

この中でいちばん若い（といっても還暦を超えている）メンバーが今中氏。

彼が率いるチームがまとめた「飯舘村周辺において実施した放射線サーベイ活動の暫定報告」というものがWEB上に公開されている（http://p.tl/RN_n）。

その内容の一部をまとめると、以下のようになる。

○3月15日6時10分に起きた2号機の格納容器破壊で放出された放射能雲が約12時間かけて飯舘村近辺に達し、滞留・沈着したと推定される。

○このときから90日間での積算被曝量を予想すると、曲田《まがりだ》地区で95ミリシーベルト、村役場で30ミリシーベルト。

○これは地面の上にいた場合で、木造家屋の中なら2分の1、コンクリート建造物の中なら10分の1程度にまで軽減されるだろう。

○飯舘村の放射能汚染状況が深刻なものであることは言をまたない。

飯舘村の人たちは、今中チームがこの調査を行うまで、国からも県からもこうした深刻な状況に自分たちがいることを知らされていなかったのだ。

一方で、国民に情報を知らせるのが仕事であるはずの気象庁や環境省などはまったく動かなかった。放射性物質はうちの管轄ではない、の一点張り。

中でも噴飯ものなのは、日本気象学会理事長・新野宏氏が気象学会会員である学者たちに発した通達だ。

２０１１年３月18日　日本気象学会会員各位
日本気象学会理事長　新野　宏

（～略）この地震に伴い福島第一原子力発電所の事故が発生し、放射性物質の拡散が懸念されています。大気拡散は、気象学・大気科学の１つの重要な研究課題であり、当学会にもこの課題に関する業務や研究をされている会員が多数所属されています。しかしながら、放射性物質の拡散は、防災対策と密接に関わる問題であり、適切な気象観測・予測データの使用はもとより、放射性物質特有の複雑な物理・化学過程、とりわけ拡散源の正確な情報を考慮しなければ信頼できる予測は容易ではありません。今回の未曾有の原子力災害に関しては、政府の災害対策本部の指揮・命令のもと、国を挙げてその対策に当たっているところであり、当学会の気象学・大気科学の関係者が不確実性を伴う情報を提供、あるいは不用意に一般に伝わりかねない手段で交換することは、徒に国の防災対策に関する情報等を混乱させることになりかねません。放射線の影響予測については、国の原子力防災対策の中で、文部科学省等が信頼できる予測システムを整備しており、その予測に基づいて適切な防災情報が提供されることになっています。防災対策の基本は、信頼できる単一の情報を提供し、その情報に基づいて行動することです。会員の皆様はこの点を念頭において適切に対応されるようにお願いしたいと思います。

関与しようとしないどころか、学者たちに「勝手に調査するな。発表するな」と圧力をかけたのだ。

日本のアカデミズムはとっくに死んでいたということか。

突然有名になった飯舘村

日本政府がなかなかデータを出さない中、ＩＡＥＡ（国際原子力機関）も独自調査を開始していた。３月30日には、飯舘村から採取した土壌サンプルから「ＩＡＥＡが住民を避難させる基準値」の２倍にあたる高い放射性物質が検出されたと発表。日本政府、経産省の原子力安全・保安院に対して、住民への避難指示を検討するよう求めた。

これが大々的に報道されたために、飯舘村という名前が一気に全国区になった。

しかし、飯舘村を含む北西地帯の汚染状況がひどいことは文科省のモニタリングカー計測ではっきりしていたし、放射線量計を持った学者やフリージャーナリストたちが次々に20キロ圏内や北西方面に出向いてデータを収集し、ネットや一部のメディアを通じて報告していた。何をいまさら、である。

国がＩＡＥＡから「飯舘村は住民避難基準を超えた汚染をしている」と忠告を受けた３月30日に先立つ３月17日、佐藤雄平福島県知事は長崎大学に放射能汚染の専門的情報提供についての協力要請を行った。長崎大学はこれに応えて、山下俊一医歯薬学総合研究科長の派遣を決定。翌18

日には高村昇同大大学院教授とともに福島県入りし、3月19日、福島県知事より「放射線健康リスク管理アドバイザー」に任命された。

その後、高村教授は飯舘村に入って住民説明会を行っているが、こう話している。

「雨や台風で流されることによって、すみやかに土壌中の放射性物質は流されていきます」

「いまの（放射線）量でお子さんは大丈夫なのかということですよね？　基本的に10マイクロシーベルト／時を下回るようであれば、普通に子供さんたちが学校生活を送ったり、登下校には問題ない」

「要するに（放射性物質との）共生ということだと思います」

（以上、『NHKスペシャル』「飯舘村〜人間と放射能の記録」2011年7月23日）

4月1日、飯舘村が発行した「広報いいたてお知らせ版」では、IAEAが国に忠告した件をこう説明している。


3月31日、テレビ等でIAEA（国際原子力機関）が、村の土壌から基準値を超える放射性物質を検出したと報道された件について、同日、国原子力安全・保安院が村を訪れ、内容を村長に説明しました。

説明では、
（1）IAEAでは、福島第一原子力発電所から約40キロの距離にある村内の土壌サンプル（場所の詳細は不明）の1つについて評価を行いました。

（2）サンプルからはＩＡＥＡが定める避難基準の値の2倍の20メガベクレル／平方メートルの放射性物質が検出されました（ＩＡＥＡの基準：7日間で10メガベクレル／平方メートル、1メガベクレルは100万ベクレル）。

（3）このため、ＩＡＥＡでは日本政府に対して村のことを注視するよう促すなどの働きかけをしました。

（4）これに対し国では、村内の放射線量について、空気、土、水などの様々な観点から続けて調査を行っており、どの結果からも「直ちに健康に影響を及ぼす値は出ていない」として、「今すぐ避難区域を変更する考えはない」ことを説明。今後は引き続きＩＡＥＡからの協力を得ながら詳細を検討することとしています。

以上のような説明を受け、村では今回の説明で放射線に対する安全が確保されたとは考えていませんが、今後、引き続き放射線の測定値を注意深く観察しながら、村民の安全確保を第一に対策を強化していくこととしましたので、みなさんのご理解をお願いいたします。

この時期、飯舘村・菅野典雄村長は、村が避難区域に指定されることをいちばん恐れていたと思われる。村長は後に飯舘村が全村「計画的避難区域」に指定されたときも「全村はありえないと思っていた。それだけは避けたかった」と悔しそうに述べている（共同通信インタビュー記事、他）。

それに対して、村では若者たちを中心に、村長の認識の甘さを追及する声が上がり、村長リコール運動まで持ち上がっていたが、それは第4章で詳述する。

今回のような放射能汚染が起きた場合は、とにかく放射性物質を吸い込まないようにして、いち早く遠くへ逃げることだ。後から「逃げなくてもよかったね」とわかればそれでいい。その逆は取り返しがつかない。

屋内待避は、すでに放射性物質が飛んできている場合は、そのピークを避けるために一時的には有効だが、いつまでもそこに留まっていたらどんどん被曝する。タイミングを見計らってまずは避難することが必要なのに、国も県も、汚染実態のデータを持ちながら、何ら具体的な指示を出さなかった。これは失策というよりは犯罪に近い。

浪江町、葛尾村、飯舘村、南相馬市の一部を含んだ北西方向が突出して汚染されたのは、そのときの天候条件による「たまたま」の結果だ。2号機から高濃度の放射性物質が漏れたのは15日の早朝だが、その日の午後、風が突然、それまでの北東または北の風から南東の風に変わってしまった。この南東の風に乗った放射能雲が1Fから北西方向に流れ、雪が降り始めた場所では特に深刻な汚染を生んでしまったのだ。

この日一日中風が海側に吹いていてくれたら、いまの日本の状況はずいぶん変わっていただろう。また、北東の風のままだったら、川内村、いわき市北部、小野町、平田村といった1Fの南西方向の汚染がひどかったはずだ。首都圏の汚染もいまよりずっとひどかったかもしれない。

つまり、天候次第で、東北・関東のどの地域も、飯舘村並み、あるいはそれ以上に汚染された可能性がある。北西方向以外の場所の汚染が軽度だったのは、運がよかっただけなのだ。無論、

１Ｆが封印されていない以上、今後も何かの拍子で放射性物質の大量漏洩は起きうるから、そのときの天候次第で離れた場所が高濃度汚染されることは大いにあるということを忘れてはいけない。

飯舘村が有名になったのは、この村を襲った悲劇があまりにも理不尽だったからだ。

○30キロ圏内にも入っていないのに20キロ圏内の低濃度汚染地帯より汚染度が高い。

○村は歴史的にも原発には関わっておらず、今まで電源三法交付金などの恩恵を受けていない。

○楢葉、富岡、大熊、双葉の各町が原発にぶら下がってきたのとは違い、飯舘村では村長以下、村民が一丸となって「自立経済」を目指し、それが実を結んで全国的に「飯舘ブランド」を知らしめるまでになっていた。

○森林や農地がほとんどで、豊かな自然環境が飯舘村経済を支えていた。

つまり、原発立地で生き延びようとした浜通りの町とは正反対の生き方を貫いてきた村なのだ。それなのに、回復困難な高濃度放射能汚染を受け、その事実を知らされないまま村民は高いレベルで被曝し、さんざん被曝させられた後に、今度は突然全村出ていけと命じられる。しかも、一時的な避難ではなく、汚染の度合いを考えると、二度と戻れない可能性が高い。村を捨てろ、と言われているに等しい仕打ち。

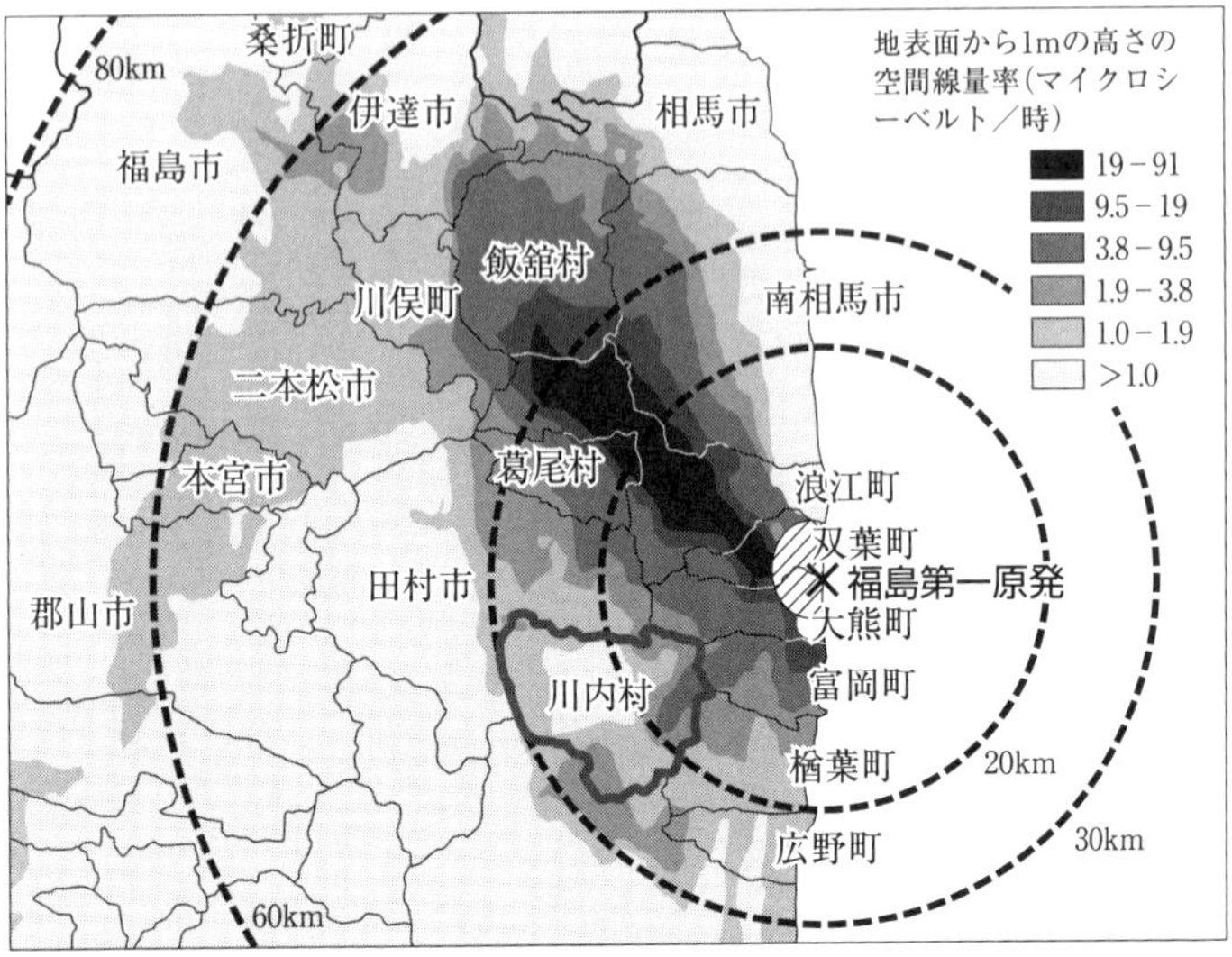

図2-9　DOEと文科省合同発表の汚染地図

これこそ「裸のフクシマ」が突きつけられている最大の問題だ。これについては第3章で詳しく触れたい。

20キロ圏内の放射線量を出さなかった理由

汚染がひどかったのは飯舘村だけではない。

僕が今までいろいろ見てきた中で、最も正確だと思われる「汚染マップ」が、文科省とアメリカのエネルギー省（DOE）が合同で調査・作成した航空機モニタリングによる汚染地図（図2－9）。なぜこれが正確だとわかったかというと、川内村周辺のホットスポットがかなり細かく表示されており、実際にそこに行くと線量計が高い数値を示すことを自分でも確認しているからだ。

この汚染地図を見れば一目瞭然だが、地

表へのセシウムの蓄積量がいちばん多いエリアは、面積で言えば圧倒的に浪江町であり、葛尾村、南相馬市、飯舘村の一部が含まれている。

浪江町や南相馬市は、海岸沿いがいちばん線量が低い。しかし、20キロ圏内だからという理由で、そのエリアの住民は避難をさせられた。ところが、逃げた先が北西方向だったために、わざわざ放射線量の高い場所に移動して、そこに長期間留まるという最悪の行動をとらされた。北西方向が汚染されていることはわかっていたのに、なぜそんなバカな避難誘導をしたのか。

一方で、海岸沿いは汚染が軽度だったにもかかわらず、長いこと自衛隊でさえ近づこうとせず、津波に呑み込まれた行方不明者の捜索も行われなかった。

結果論かもしれないが、15日早朝の2号機破損までは大した汚染はなかったのだから、海岸沿いの生存者捜索に最大限の努力をすべきだった。車の中や瓦礫の下で動けないまま助けを待っていた人たちが何人いただろうと思うと、本当にやりきれない。

葛尾村は北東エリアの汚染がひどかった。村では全村避難を早々と決めて大方の村民が避難を完了していたが、ここも30キロ圏内だったから、国の指示は「屋内待避」のままだった。

一方で、20キロ圏内にも線量が低い場所が結構ある。

文科省のモニタリングカーによる原発周辺地域放射能測定値は、3月15日から始まっていたが、20キロ圏内についてはデータが公表されていなかった。

20キロ圏内は避難区域だから計っていないのだとしたらとんでもない話で、一体何をやっているんだと苛立っていたところ、4月21日に突然発表された。

内容は、
A　3月30日から4月2日にかけて計測された50ヵ所分
B　4月18日から19日にかけて計測された120ヵ所分
の2つ。Aについては調査後20日間も公表せず隠し持っていたことになる。

それを問い質した「ガジェット通信」の記事によれば、文科省は「最初の調査は、測定ポイントが少なく、情報を面として捉えるには不十分だった。そのため、測定ポイントを増やした次の調査を待って一緒に公開した」と答えたとのこと。

3月15日の第1回調査ではたった3地点のデータを翌日すぐに公表したのだから、これはまったく言い訳にもなっていない。

どう言い逃れしようとしても、20キロ圏内のデータを「出したくなかった」ということは明らかだ。おそらく、20キロ圏内を一律に警戒区域指定して立ち入りをさせないようにしたい福島県や国の意向を汲んだものだったのだろう。

文科省のモニタリングカーチームは当然公表するものとして普通に計測していたが、「上」から圧力がかかり、20キロ圏内は公表させなかった、あるいは、測定をさせなかったのではないだろうか。

一部マスメディアに発表された20キロ圏内の「汚染状況図」も極めて恣意的だった。

発表されたデータの中で、数値の高いところだけを記入してあった（図2-10A）。

文科省の発表データを見れば、20キロ圏内でも数値が低いところが多数ある。特に海沿いは概

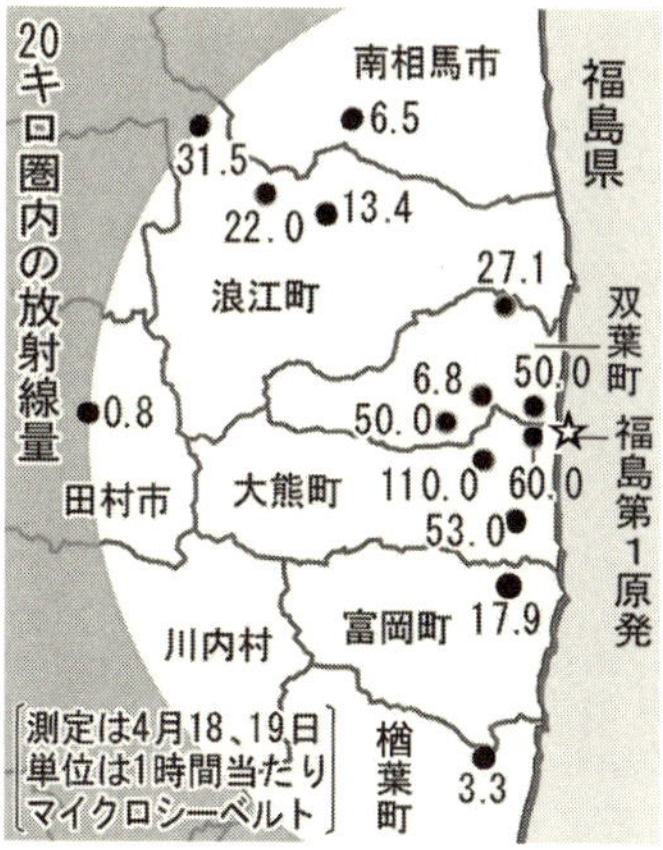

図2-10A

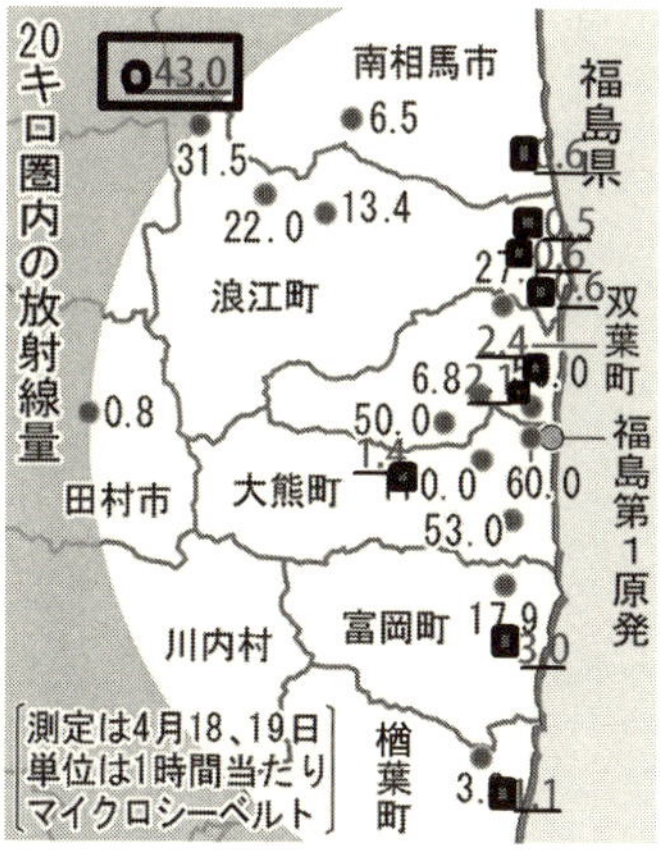

図2-10B

ね低い。その一部を書き加えてみたのが図2－10Bだ。

例えば、110マイクロシーベルト／時の大熊町夫沢（西南西約3キロ）が強調的に記されているが、同じ大熊町でも、野上（西約14キロ）は1・4マイクロシーベルト／時しかない。

南相馬市や浪江町の海岸線一帯が概して線量が低いこともわかる。自衛隊が大袈裟にタイベックスーツを身につけて遺体捜索している映像が流れていたが、1マイクロシーベルト／時以下は首都圏とそう変わらない。あんな格好で蒸れながら捜索する必要はまったくなかったのだ。

1マイクロシーベルト／時以下の場所で重装備しなければならないとすれば、福島市、郡山市、伊達市、二本松市、本宮市などの市民はみんなあの格好をしなければいけなくなる。

汚染がひどかった飯舘村、葛尾村、浪江町津島周辺が30キロ圏内にさえ入っていないことは当初からわかっていた。わかっていたからこそ、文科省のモニタリングカーも最初の測定値としてそこを選び、真っ先に北西方向に走っていったのだろう。

そして実際に高い線量を確認したのに、政府も福島県も、いちばん危険だった最初の1ヵ月、これらの地区を放置しておき、さんざん被曝させた後になってから「計画的避難区域」などという訳のわからないことを言い出した。

緊急性や住民の健康被害を考えるなら、20キロ圏内を警戒区域にして立ち入り禁止にするよりも、葛尾村、飯舘村、浪江町津島、南相馬市北西部周辺の住民を一刻も早く避難させなければならなかったことは言うまでもない。

葛尾村や飯舘村などには「計画的避難区域」という名称が与えられたが、この「計画的」とは何なのか？　村民の苦痛を減らすためにいろいろな策を考えますよ、という「計画」ではなく、単に1ヵ月猶予をやるから出ていけ、ということにすぎなかった。

そこまででたらめをやるならば、いっそすべての決定権を村に与えればよかったのではないか。

おたくの村はものすごく高い濃度で汚染されてます。言わなくてごめんなさいね。でも、もうさんざん被曝しちゃいましたしね。今さら騒いでも遅いので、後は自分たちで決めてくださいな。移転したほうがいいんじゃないかと思いますけどね。特に若い人は。でも、どうしても残るという人は止めません。どっちにしても目一杯の援助はさせていただきます……と、そのくらいのことを言ってみたらどうだ。

本当に危険な地域にいた人たちに情報を伝えず放置し、ある程度安全がわかった頃になって住民の一時帰宅さえ禁止して苦痛を増やす。結果として、必要以上に不幸が増幅されていった。

0・1マイクロシーベルト／時は高いのか低いのか

6月に入ると、一部の週刊誌などで、首都圏でも高い線量が計測される「ホットスポット」が話題になり始めた。

しかし、高いと言っても0・Xマイクロシーベルト／時の範囲の話であって、現在では1マイクロシーベルト／時を超えるようなところは福島県外にはほとんどない。

川崎市麻生区にある僕の仕事場では、線量計の数値は0・1マイクロシーベルト／時前後で一定しており、なかなか下がらない。実際に毎日その数値を見ている僕は、すでに放出された放射性物質は広範囲に飛び散ってしまっていて、首都圏でも0・1マイクロシーベルト／時くらいはあるのだな、と思っている。

ところが、首都圏の人たちは実態を知らされていなかったので、0・1マイクロシーベルト／時くらいでも大騒ぎする。この背景には、ICRP（国際放射線防護委員会）が提唱している「一般人が年間に被曝してよい人工放射線の限度は1ミリシーベルト」という情報が広く知られるようになったことがある。

年間1ミリシーベルトということは、365日で割って約2・74マイクロシーベルト／日、さらに24時間で割ると、0・11マイクロシーベルト／時だ。ということは、0・1マイクロシ

図2-11　テレビに毎日映し出される福島県内各地の放射線量　福島の人たちはこういう画面でテレビを見ている

ーベルト／時以上の線量が計測されている場所に1年間いれば、年間被曝限度の1ミリシーベルトを超えるではないか、大変だ……というわけだ。

また、新宿区のモニタリングポスト（地上18メートル）が長い間0・0Xマイクロシーベルト／時という実態とかけ離れた数値を出していたので安心していた人たちが、実際に線量計を手に入れて周辺を計ってみたら軒並み一桁高い数値が出てしまってびっくりした、ということもある。

『週刊現代』5月28日号の記事に、「溜池交差点で、購入したばかりの放射線量計を手にした国土交通省政務官でもある代議士が、0・128マイクロシーベルト／時という数値を見て目を疑った」というエピソードが紹介されていた。

福島県内で毎日、テレビ画面に映し出される「郡山市1・5マイクロシーベルト／時」（図2－11）といった数値を見せられている僕たちからすれば、「はあ？　それが何か？」と呆れる。0コンマいくつという数字は福島の人間にとっては「安堵の数値」だ。

むしろ、僕はこの記事を読んで、溜池交差点って、ずいぶん線量が低いのだなと思ったものだ。それに、どういう線量計を使ったのか知らないが、0・1マイクロシーベルト／時くらいは誤差が出ると思ったほうがいいので、このときの数値は0・03〜0・23マイクロシーベルト／時くらいの間、という程度の認識をする必要がある。コンマゼロいくつで一喜一憂しても仕方ないのだ。

そもそも、ICRPの言う「年間1ミリシーベルト」というのは、自然放射線以外の放射線についての被曝目安ということらしい。

自然界には、人間が作り出した放射性物質以外から発せられている放射線があり、場所によって強い弱いの差が大きい。世界には、イランのラムサールのように、自然放射線だけで年間10ミリシーベルトを超える場所もある。日本でも自然放射線のホットスポットはいくつかあるし、概ね、花崗岩地盤である西日本のほうが自然放射線は強いと言われている。

癌患者が湯治に通うことで有名な玉川温泉（秋田県）の岩盤浴スポットは軽く1マイクロシーベルト／時を超え、場所によっては5マイクロシーベルト／時くらいある。最近では線量計を持って玉川温泉を訪れ、警告音鳴りっぱなしの線量計片手に「すげえ、すげえ」と盛りあがる変な客も増えている。

いま、我々が手にしている線量計に示される数値は、この、もともとあった自然放射線に、1Fから放出された放射性物質が原因の放射線が加わった数値ということになる。

首都圏で0・1マイクロシーベルト／時くらいは普通に計測されているが、これは降り積もったセシウムが出している放射線だから、これから先、劇的に下がることはないだろう。

首都圏にも「ホットスポット」がいくつかある。

ざっくり言えば、都内では葛飾区が高い。埼玉の三郷市、千葉では松戸市や柏市、流山市なども概ね高めだ。

これは線量計を持って首都高や常磐道を走っているだけでも実感できる。僕は川内村と川崎を往復するときは常磐道を使うが、守谷サービスエリアは高めで、福島（いわき市）側に近づくと逆に線量が減っていくという現象が常に確認できる。

柏市周辺では0・5マイクロシーベルト／時以上を記録する場所がかなりある。

つまり、首都圏で暮らしている人でも、年間1ミリシーベルト以上被曝する人はたくさん出てくるだろう。

どうしようもない。これが現実なのだ。

日本は放射能汚染国家になってしまったということだ。

これが福島県内となると、一桁違う。困ったことに、都市部である福島市、郡山市、伊達市、二本松市、本宮市などの一部が高い。郡山市も福島市も、なかなか1マイクロシーベルト／時以下にならない。

新幹線で上京するとき、磐越東線で神保《かんまた》駅から郡山駅まで行くのだが、いつも郡山駅の手前に来ると腰にぶら下げた線量計がピピピ……と鳴ってぎょっとさせられる。

郡山市内を車で移動していても、ときどきピピピ……と鳴る。見ると0・8マイクロシーベルト／時くらい表示されている。県の公表値が1マイクロシーベルト／時を超えているのだから

０・８マイクロシーベルト／時くらいあたりまえなのだが、30キロ圏内の川内村で暮らしていてもこの数値はそうそうは出ない。我が家の周りでは、森の中などでそのくらいになる場所があるが、郡山市内では普通にショッピングセンターの駐車場や移動中の車の中でそれ以上の数値が出る。

浪江町の津島周辺の超ホットスポットでは、軽く20マイクロシーベルト／時を超える場所があるが、警戒区域になっていないため、自由に人が出入りし、活動している。

そこまでひどくなくても、福島県内には、屋外で１・５〜２マイクロシーベルト／時の場所はざらにある。例えば、屋外で１・５マイクロシーベルト／時、屋内で０・６マイクロシーベルト／時くらいのところで毎日生活しているとする。福島市や郡山市はまさにそんな感じの環境だから、誇張でもなんでもない。平均して１マイクロシーベルト／時被曝し続けるとすると、１年は８７６０時間だから８・７６ミリシーベルト被曝することになる。ＩＣＲＰが提唱する「年間１ミリシーベルト」のおよそ９倍。

で、これはあくまでも外部被曝だけの計算であって、毎日放射性物質が浮遊している空気を吸い、放射性物質のついた手で放射性物質のついた食物を食べるのだから、内部被曝も避けられない。

福島の人たちは、どう考えても年間10ミリシーベルトくらいは覚悟の上で暮らしていかなければならないのだ。

「年間20ミリシーベルト」論争の虚しさ

学校の校庭で高い線量が記録されたことで、文科省は4月19日に「福島県内の学校等の校舎・校庭等の利用判断における暫定的考え方について」という文書を発表した。

要旨は次のようなものだった。

（1）ＩＣＲＰは、「事故継続等の緊急時の状況における基準」として20～１００ミリシーベルト／年、「事故収束後の基準」として1～20ミリシーベルト／年という放射線量を提示している。

（2）ＩＣＲＰは、２００７年勧告を踏まえ、本年3月21日に、改めて「今回のような非常事態が収束した後の一般公衆における『参考レベル』として、１～20ミリシーベルト／年の範囲で考えることも可能」とする内容の声明を出している。

（3）このようなことから、児童生徒等が学校等に通える地域においては、非常事態収束後の参考レベルの1～20ミリシーベルト／年を学校等の校舎・校庭等の利用判断における暫定的な目安とする。

この年間被曝線量を文科省はどう算出するかという計算式も示されていて、児童生徒が、１日のうち、木造建築物の中で16時間、屋外で8時間生活すると想定し、屋内では屋外の線量の半分程度と想定し、屋外の線量が3・8マイクロシーベルト／時であれば屋内では1・52マイクロシーベルト／時と考え、3・8マイクロシーベルト／時×8時間×365日＋1・52マイクロシーベルト／時×16時間×365日＝約1万9973マイクロシーベルト＝約19・9ミリシーベルトだから、年間20ミリシーベルトを超えない目安は3・8マイクロシーベルト／時である、というのだ。

これが多くの人たちを怒らせた。

まあ、当然だろう。一般の大人でさえ年間1ミリシーベルトなのに、より影響を受けやすい、将来の長い子供たちにその20倍まで許容しろとは何事か、と。

しかも、3・8マイクロシーベルト／時以上の数値が出た校庭は国が金を出して除染する（土を削る）が、3・8マイクロシーベルト／時より下の校庭は勝手に土を削るなというような本末転倒な話も出て、人々の怒りは爆発した。デモをしたり、文科省の担当者に詰め寄ったりするシーンがテレビでも何度も映し出された。

その結果、後に文科省はこの「20ミリシーベルトまで許容」という目安を引っ込め「1ミリシーベルト以下にするよう努力する」と言い直した。

1ミリシーベルトと決まっていたものを、安直に20倍まで引き上げたりするからこういう騒ぎになる。しかし、文科省が「1ミリシーベルト以下になるよう努力します」と訂正したからといって校庭のセシウムが減るわけではない。

郡山市は国や県の指示を待たずに校庭の土を削って除染を始めたが、その表土は校庭の隅に積み上げられ、つぎはぎのブルーシートをかけられたままになっている。土を剝いだまではいいのだが、持って行き場がなかったのだ。持ち込もうとしていた土地の住民が「冗談じゃない。そんなものを持ってくるな」と、市の担当者に詰め寄ったためだが、これもまた当然の話。

机上の論理ではいろいろ言えても、実際にやれるかやれないかは別問題なのだ。

我が家の周囲を細かく線量計測した結果わかったことがいくつかある。こういう「生活に根ざした」データや体験はあまり表に出てこないだろうから、ここに少しメモしておく。

○雨樋の流出口は非常に線量が高い。屋根に積もった放射性物質が雨水に流されて集中して溜まるから当然ではある。

○しかし、それも時間と共に急速に低くなっていく。屋根の放射性物質が概ね流された後は、雨水が集中的に流れ込むということは、集中的に洗い流す効果に変わるからだろう。

○汚染された直後は、コンクリートやアスファルトの上は土の上より線量が高い。表面の細かな穴に放射性物質が詰まって、そこに留まるからだろう。

○同様にウッドデッキなどの木部表面も高い。しかし、垂直の面（木の外壁など）は高くないので、垂直の面では放射性物質が容易に下に流れることがわかる。

○時間が経つと、コンクリートやアスファルトの上よりも、木部のほうが残留度が高い。コンクリートのような固い物質のほうが、放射性物質が流れやすいのだろう。

○水たまりなどは一時的に高い放射線量を出しているが、流れる水には放射性物質は留まらない。5月に調査した我が家の敷地境界を流れる沢水からは放射性物質が検出されなかった。
○地形とホットスポットの関係は簡単に見抜くのは難しい。しかし、冬、雪が吹きだまりになりやすい場所は放射線量も高い。雪が吹きだまりになりやすい地形には、放射性物質も吹きだまるということだろう。
○線量の高い場所の表土を剝ぐと、線量は一気に半分以下に下がる。しかし、剝ぎ取った土を捨てた場所は当然のことながら高い線量を出すホットスポットに変わる。
○地下水は簡単には汚染されない。しかし、都市の水道水は大きな河川から取水していることが多いため、汚染されやすい。河川には雨樋からの水や生活用水なども流入してくるし、表面積も大きいので、空中に飛散した放射性物質に対してオープンな環境だからだろう。

何ヵ月も放射性物質とつき合っているうちに、こんなことが体験的に、というか、生理的にわかってくる。

全部実体験によるもので、理屈は後からつけてみる。紙の上やコンピュータの中だけで出された理論ではない。

どんな偉そうな機関や学者が出してくるデータでも、そのまま信じるのは危ない。原発の現場を見ていない、土をいじったこともないような人たちが言う話なんて、信じられるはずがないではないか。

恐ろしくて調査もできない内部被曝

年間1ミリシーベルトだの20ミリシーベルトだのという議論は、外部被曝の数値であって、内部被曝については触れられていない。内部被曝は簡単には計測できないからだ。

そもそも線量計にはガンマ線しか計れないものがある。アルファ線は1ミリも飛ばないし、紙1枚でも防げる。ベータ線も空中ではせいぜい10センチ飛ぶか飛ばないかで、外部被曝の対象としては恐れることはない。しかし、これが身体の中から発せられているとなれば別だ。肉体の一部が絶えずピンポイント攻撃を受け続けることになるから、ガンマ線の外部被曝よりはるかに恐ろしい。

日本が放射能汚染国家になってしまったいまとなっては、我々は0コンマいくつの空間線量で一喜一憂するよりも、とにかく内部被曝を避けることを考えないといけない。

そういうこともしっかり学ぶようになった5月下旬、ちょっと信じられないようなニュースが目に留まった。

1Fの事故後、「福島県外で働く福島県出身の原発作業員」から、通常なら滅多にない内部被曝が見つかるケースが相次いでいるというのだ（『毎日新聞』「内部被ばく：県外原発で働く福島出身作業員から相次ぎ発見」2011年5月21日）。

5月16日の衆院予算委で保安院の寺坂信昭院長が明らかにしたもので、1F以外の全国の原子力施設で、作業員をホールボディカウンター（全身の被曝を測定する装置）で検査したところ、内部被曝が4956件見つかった。そのうちの4766件は、その作業員が事故発生後に福島県内に「立ち寄っていた」という。

「福島県外で働く福島出身の原発作業員」とはどういう意味か。

内部被曝が見つかった作業員はみな1F近辺に自宅があって、1Fの事故後に、家族を避難させるために自宅に戻ったり、1Fや2Fで働いていたが、事故後に他の原発に移っていった。そういう人たちが内部被曝していたというのだ。

一例としては、北陸電力志賀原発（石川県）で働いていた作業員は、3月13日に福島県川内村の自宅に戻り、数時間滞在して家族と一緒に郡山市に移動。1泊して県外に出た。3月23日に職場である志賀原発でホールボディカウンター検査を受けたところ、5000cpmの数値が出た。東電が内部被曝の上限目安としている数値は1500cpmなので、そのまま待機を命じられ、2日後に1500cpmを下回ったので仕事に復帰したという。

3月13日というと2号機からの大汚染が始まる前のことだ。しかも、汚染の低かった川内村の自宅に戻っただけで内部被曝？

嘘だろう。何か間違っているのではないか、と思うような内容だ。

2日後に1500cpm以下に下がったというのであれば、内部被曝の主因は半減期が短いヨウ素だったのだろう。もしこの作業員が13日の福島県入りのときに内部被曝していたとすれば、10日後で5000cpmということは、10日前は軽く1万cpm以上あったと思われる。

これはほんの一例で、こうしたケースが全調査数4956件分の4766件（96％）あるというのだから、どうも間違いとは言えそうもない。

福島に「立ち寄った」というだけでこれなら、1F構内で働いている人たちの内部被曝は一体どれだけなのか？

6月17日、東電が出した「福島第一原子力発電所における緊急時作業に従事した放射線業務従事者の線量限度を超える被ばくに係る原因究明及び再発防止対策の策定について」という長い長いタイトルの文書には、2人の作業員の被曝状況が書いてある。

この2人のことは、非常時の被曝線量上限250ミリシーベルトを超えたということでニュースにもなったが、この文書を見ると、

「職員A　678・08ミリシーベルト（内訳・外部被ばく88・08ミリシーベルト、内部被ばく590ミリシーベルト）

職員B　643・07ミリシーベルト（内訳・外部被ばく103・07ミリシーベルト、内部被ばく540ミリシーベルト）」

（ここには、5月中の免震重要棟内に滞在中の線量および移動中の線量は含まれていない）

とあり、やはり、内部被曝のほうが外部被曝よりはるかに多い（5倍以上ある）ことがわかる。

考えたくないことだが、我々周辺住民のほとんどが、程度の差こそあれ、内部被曝はしている。ヨウ素はすでに消えてしまっているだろうが、セシウムやストロンチウムが身体の中に入っているかもしれないと思うのは結構なストレスだ。

しかしまあ、そんなことはわかっているのだ。わかった上で「ただちに……」というおまじな

いを唱えながら暮らしている。それが福島の現実なのだ。

3ヵ月以上経った6月も末になってから、国や福島県はようやく住民の内部被曝を調査し始めると発表したが、3ヵ月も経っていては、半減期約8日のヨウ素はもう消えている。3月下旬にやっていたら、とんでもない数値がじゃんじゃん出てきて、収拾がつかなくなっていたことだろう。

おそらく、外部被曝だけなら、年間10ミリシーベルトだろうが50ミリシーベルトだろうがまず健康被害は出ない。「大丈夫」を強調している医者や科学者はそれを知っている。しかし、線量の高い場所で生活していれば、粉塵を吸い込んだり、放射性物質が付着した手や食べ物を経由して内部被曝する確率が高くなる。その意味で、空間線量のより低い場所で暮らしたほうがいいというのは、あたりまえすぎることなのだ。

日本中を震撼させた児玉証言

2011年7月27日、衆議院厚生労働委員会に参考人として招致された児玉龍彦・東京大学アイソトープ総合センター長は、声を震わせ、ときに絶叫しながら、政府の無策への怒りを爆発させた。

わずか16分の中で、彼は多くの重要な指摘をしたが、その中で内部被曝についての部分は専門家ならではのリアリティがあり、ネット上ではたちまち情報が拡散された。

児玉証言の中の、内部被曝に関する部分を、少しでも我々素人にも理解できるよう、一部割愛し、一部は解説を補った上でまとめてみる。

私の専門は人間の身体にアイソトープを打ち込んで癌の治療をするというもの。仕事の内容からして、内部被曝に関しては最も力を入れて研究している。

内部被曝のいちばんの問題は癌を引き起こすということ。ＤＮＡの二重らせんが切断されることが引き金になって癌ができる。細胞分裂が盛んな胎児、幼児は放射線障害を受けやすい。大人では細胞の増殖が盛んな部位が影響を受けやすい。

中でもいちばん怖いのはアルファ線の内部被曝である。

私たち医者は誰もが知っているが、具体例としては、「トロトラスト」というドイツのハイデン社が発売した二酸化トリウムを使ったエックス線造影剤が原因で起こる「トロトラスト肝障害」がある。トロトラストが含むトリウムが出すアルファ線が原因で、20年後、30年後に肝臓癌や白血病が発症するというものだ。

内部被曝の怖さはピンポイントで放射線を受けることにある。ヨウ素１３１は甲状腺に集まる。トロトラスト（に含まれるトリウム）は肝臓に集まる。セシウムは尿管上皮や膀胱に集まる。これらの体内の「集積点」をピンポイントで見なければならない。

だから、何ミリシーベルトという数値で議論するのは意味がない。全身をスキャンするホールボディカウンター検査でも、ベータ線やアルファ線は検出できないし、内部被曝の有無や程度はわからない。

１９８６年に起きたチェルノブイリ原発事故以後、子供の甲状腺癌が多発していると初めて報告したのはウクライナの学者で、91年のことだったが、それに対して日本やアメリカの学者は「チェルノブイリとの因果関係が証明できない」と『ネイチャー』誌に投稿して否定しようとした。86年以前の甲状腺癌発症数の正確なデータがないから証明できないという論旨だったが、それから20年経過して、甲状腺癌発症のピークが消えたために、ようやくこれはチェルノブイリと関係があると「統計学的に」証明された。

このように、放射線と癌の関係を「疫学的に」証明することは非常に難しい。長い時間が経過するまで証明はほとんどできない。

だから、いま我々に求められていることは、そんな時間の経過を待つことなく、とにかく子供を守るということ。

日本バイオアッセイ研究センターの福島昭治先生が、チェルノブイリ周辺の汚染地域で、主に尿路系（膀胱、尿道など）に蓄積されている放射性物質を調べた結果、汚染地域の住民の膀胱には特異な慢性増殖性膀胱炎が増えていることを突きとめ、「チェルノブイリ膀胱炎」と命名した。そこから膀胱癌に発展するケースもある。尿の中から検出されたセシウムは微量なものだが、それでも長期間に渡って内部被曝を続ければ癌の原因になることを示唆している。

すでに、福島、二本松、相馬、いわき各市に住む母親の母乳から２～13ベクレルのセシウムが検出されていると厚労省研究班の調査で報告されている。この現実には愕然とするしかない。

以上の内容は、児玉氏が『医学のあゆみ』７月23日号に掲載した「『チェルノブイリ膀胱炎』長期のセシウム１３７低線量被曝の危険性」という文章にも詳しく解説されており、版元がＷＥＢ上に無料公開している（http://www.ishiyaku.co.jp/magazines/ayumi/free_pdf/10952.pdf）。福島昭治氏の「チェルノブイリ膀胱炎」についての論文概要もＷＥＢ上で読める（科学研究費補助金データベース　http://kaken.nii.ac.jp/d/r/00137077）。

本当に残念なことだが、３月15日以降、１Ｆの北西に留まっていた人たちは、かなりの内部被曝をしてしまっている。ヨウ素を身体に入れてしまった子供たちは特に心配だ。

我々は、人類史上初めてと言ってもいい規模の被曝実験動物になってしまった。

チェルノブイリ事故のときヨーロッパは

今回のことで改めてわかったのは、日本の行政は、他の国での放射能事故の可能性は考えていても、自国内で大規模な放射能汚染が起きる事態を考えていなかったということだ。

各地の放射線モニタリングポストが、地上十数メートルの高さに設置されているのも、上空に舞っている微量の放射性物質を検出しやすいように、という意図からだ。自分の足下が高濃度汚染される事態など、はなから考えていなかったのだ。

四半世紀前に起きたチェルノブイリ原発事故では、旧ソ連だけでなく、汚染被害は広くヨーロッパ全土に及んだ。

この事故のことを、当時のソ連政府は、当初、ひたすら隠そうとした。

最初に異常に気がついたのはノルウェーやスウェーデンなど、北欧諸国だった。あちこちの放射線モニタリングシステムで異常値が出て、すぐに世界中に情報が伝わった。

もちろん日本にも事故の第一報は伝わってきたけれど、僕の記憶では、その後、深刻な内容の情報はあまり伝えられず、日本人は次第に事故のことを忘れていった。

でも、ヨーロッパではまったく違っていた。

チェルノブイリから出た放射能雲は、当初北欧に向かったが、事故発生後4日目の4月30日に風向きが変わり、南下。南ドイツ、オーストリアにまで到達した。このとき、運悪く、雨が降った土地はかなり汚染された。ドイツだとバイエルン州あたり。

これは今回の1F事故における飯舘村や福島市、郡山市などの汚染状況にそっくりだ。1Fから北西の風に乗って流れた放射性物質は、飯舘村周辺で雨になって地上に降り、高濃度汚染を引き起こした。残りはその後、風向きが変わって福島市あたりでUターンするように南下し、郡山、二本松、白河、那須方面へと流れた。

チェルノブイリのときも、各国政府は当初、「安全だ」「恐れる必要はない」と繰り返しメッセージを発していた。おかげで放射性物質を含んだ雨にたっぷり濡れた人も多い。

南ドイツの一部では、雨が雹に変わって降ったところがあるが、女の子が珍しがって、氷の粒を口に入れていた光景を目にした人もいる。

チェルノブイリ事故当時にドイツにいた女性を2人知っている。

ひとりは妻の親友で、ドイツ人と結婚し、ドイツにいた。

もうひとり（ななこさん＝仮名）は弟さんが当時イギリスにいて、頻繁にヨーロッパと日本を行き来していた。

他にもベルギーにいた女性など、何人かとメールのやりとりをしたことがあるが、彼らの放射能汚染に対する意識は一般の日本人とはだいぶ違う。

チェルノブイリ事故があったのは１９８６年４月26日だが、88年くらいまでは、ヨーロッパから入国する人は、成田で「ヨーロッパからですね？」と指摘されるくらいに放射線が測定されたという。

ななこさんも、知らずにドイツで放射能雨を「たっぷり」（本人の言葉）浴びてしまったそうだ。

チェルノブイリ事故がドイツで初めて報じられたのは４月29日の夜のことだった。公共放送のＡＲＤ（ドイツ公共放送連盟）がニュース番組のトップで報じた。窓を開けるな、幼児を砂場で遊ばせるな、野生動物の肉や野生のキノコ、木の実などを食べるなというメッセージに、ドイツ国民はちょっとしたパニックに陥ったという。

日本で起きたのと同じように、スーパーでは食料品の買いだめが起き、親たちは子供たちの遊び場の砂を除去する活動を始めた。

さらには、食料品の汚染度表示（何ベクレル検出されたかという）なども一部で行われ、売れ残った食料はごっそり東ドイツ（当時）や他の共産圏東欧諸国やアフリカなどに輸出されたという。

乳製品の汚染は特に深刻で、放射性物質が留まりやすいとされる乳清は「放射性廃棄物」として軍用地まで運ばれて管理され、低濃度のものは放射能不検出の輸入品と混ぜてさらに濃度を下げてから売った。

子供のいる家庭などは、こぞって長期休暇を取り、国外に待避した。ななこさんも、急いで日本に帰国するが、日本ではチェルノブイリの話題を口にする人も少なく、その温度差に愕然としたそうだ。

その後も彼女はヨーロッパと日本を行き来するが、日本ではほとんど話題にならない「チェルノブイリ」が、ヨーロッパに戻ると、わっと甦る。特に女性同士の会話では頻繁に話題になった。

いま、妊娠しても大丈夫なのか。しばらくは避妊したほうがいいのか。ななこさんも日本に帰国したときに産婦人科医にそのことを訊ねたが、医者は彼女が言うことを理解できなかったそうだ。

彼女はその後癌を発病し、いまも闘病中だ。ドイツ滞在中にチェルノブイリの放射能雨を浴びたことが原因のひとつになっているのかどうかは、誰にもわからない。

妻の親友には、ドイツ人の夫との間に生まれた一人娘がいるが、離婚した夫（ドイツ在住）は、フクシマの事故後、すぐに別れた妻と娘をドイツに呼び戻そうとした。

結局、応じたのは娘だけで、それも「春休みだし、いい機会だからパパに会ってくる」という軽いノリでドイツに向かったのだが、「学校が始まるから帰国する」という娘に対して、ドイツ人の父親は血相を変えて止めた。

ベルギーに住んでいる女性も、震災後、日本に行くというのを、家族、親族、友人たち全員から必死で止められて身動きが取れなくなったとぼやいていた。

フクシマの事故後、海外、特にドイツの人たちの行動を「過剰反応」と思った日本人は多かったが、過剰反応せざるを得ない背景はしっかりあったのだと思う。

むしろ、チェルノブイリのときに現実をしっかり学ばなかった日本人の鈍感さ、危機意識の低さのほうが批判されていいのかもしれない。

福島の人たちでも感じ方・判断は様々

すでに多かれ少なかれ日本は放射能汚染されてしまった。

それをどうとらえるか――ここで人々の反応は大きく分かれる。

ほとんどの人は「絶対安全などという値はないのだから、危険な場所から離れられるなら離れたほうがいい」と考える。これはあたりまえだろう。

その上でさらに、安全だと言って福島の人たちを避難させようとしない政府はとんでもない、と攻撃する人たちもたくさんいる。

かと思うと、内部被曝の不安などなんのそので、福島産の農作物や食品を意識的に買って応援する、と宣言する人もいる。

では、実際に今福島に住んでいる人々はどうなのか。

これまたいろいろなのだが、問題への向き合い方や判断の基準、考え方は、福島を外から見ている人たちとはかなり違うと思う。

いくつか具体例を紹介してみたい（内容はすべて僕が短くまとめなおしたもので、本人たちが書いている文章そのままではない）。

○川内村にバツイチ同士で同居生活している女性

これから子供を産み、育てていく人たちには福島に来てほしくない。危険だからではなく、将来、子供が癌になったり、異常出産をしたり、何か起きたときに「あのときに福島に行ったからこうなったのかもしれない」と自責の念に駆られることは避けられないだろうから、そういう苦しみを避けるために、来てほしくない。

自分が住む場所に、孫を呼べる日は来るのか……先が見えないのは苦しい。

○川内村で飲食店を経営していた女性

子供たちを少しでも被曝の危険から守るために遠く関西まで避難した。

原発震災のため事実上一時消滅している小学校の卒業式が7月になって郡山市で行われる。長男の卒業式だから、私たちも家族揃って関西から福島に行く。川内村の自宅にも戻ってみるつもりだ。

久しぶりに村の人たちに会えるのは嬉しいけれど、正直、線量が高い郡山市に行くことが怖いと感じる。

福島に残っている人、郡山で学校に通っている子供たちには申し訳ないと思うけれど、本音は福島に近づきたくない。

自分の故郷に帰ることが不安で怖いとは、なんということになってしまったのか。

「何もかも奪われてしまった」と自覚するために帰るようなものだ。

○川内村で自然農に根ざした余生を開始して7年経った小塚さん（60代男性）

福島は「風評被害」にあっているのではなく、実際に放射能汚染の被害を受けている。

そこで採れた作物を食べなくて済むなら食べないというのは、単に生活の知恵であって、責められるようなことではない。

自分だって、中国産の安い食べ物は、汚染物質が含まれていたりしないかと警戒し、積極的には買わない。同じことだ。

○郡山市内の小児科医師（女性）

原発震災後、混乱と不安の中で、しかし、自分たち医師がおろおろしてここでの生活から逃げ出してどうする、という気持ちで踏ん張ってきた。

放射能汚染については、自分なりに必死に情報を集め、その時に正しいと思う情報を伝えてきた。

4月中旬、文科省のいわゆる「年間20ミリシーベルト」基準発表で世間が騒ぎ始めた。

「放射線医学の専門医」が、どんなに言葉をつくして説明しても、それらの説明はすべて御用学者のまやかしだと断じる風潮が強い。

　子供たちを疎開させろと声高に唱える人たちは、ほとんどが福島を外から見ている人たちだ。

　受け入れ態勢を整えてくださっている他県の自治体や民間支援団体のみなさんには心から感謝している。でも、避難・疎開した子供たちとその家族は、将来にわたってずっと支えられるのか。保障されるのか。そんなことを東電や国に期待できるはずもない。

　疎開によって親子が分断されたりすれば、長期にわたって大きな問題が出る。

　いま、福島で生活している私たちがいちばん困っているのは、子供たちの命を守るために即刻避難すべきだという論調だ。いい加減にしてほしい。離れた場所からの、言い換えれば「高いところからの」物言いは、非難や差別に形を変えて今後も長いこと続くだろう。

　かつての広島・長崎の人たちがそうだったように、福島で生まれ、育っていく子供たちは、今後、好奇のまなざしで見られながら生きていく。

　そうした差別から子供たちを守ること、守るだけでなく、しっかり顔を上げて堂々と生きていけるように支えることこそ、福島で暮らす私たち大人の責務なのだと思う。

　……こんな風に、福島の人たちも、考え方、感じ方は様々だが、福島の外の人たちとの違いは、言うまでもなく、福島との関係を簡単に清算できないという点にある。

　僕自身もそうだ。

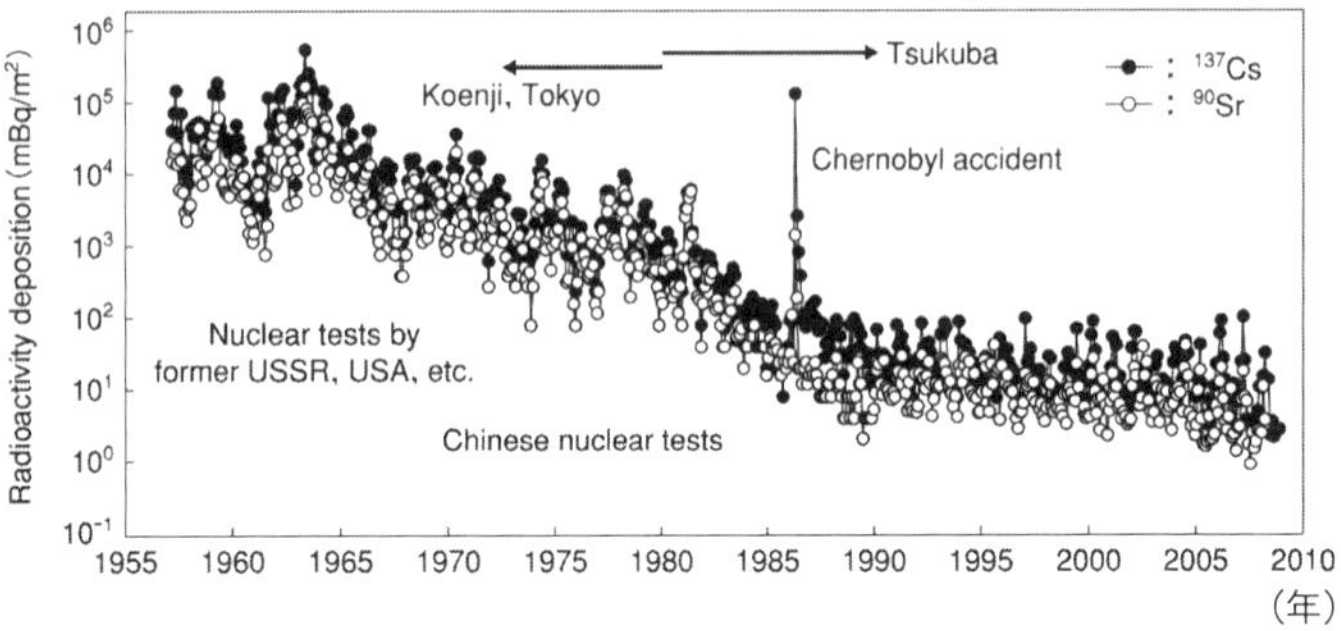

図2-12　1957年以降、首都圏に降下した放射性物質量の推移（縦軸は対数目盛であることに注意）（気象研究所地球化学研究部“環境における人工放射能の研究2009”より）

僕がどう考えているのかを述べる前に、もう少し、放射線被曝の現実について、最新の情報を交えて考えていきたい。

核実験時代はいまより放射線レベルが高かったという勘違い

今回の事故の後、僕は改めて様々な資料を読みあさった。ショッキングなものがたくさんあったが、僕らが子供の時代には米ソをはじめとする核保有国の度重なる核実験で、いま（2000年以降フクシマ以前）よりもはるかに放射能汚染されていた、という話もそのひとつだった。

気象研究所地球化学研究部というところが、「環境における人工放射能50年：90Sr（ストロンチウム90）、137Cs（セシウム137）及びプルトニウム降下物」という資料をWEBで公開している。

気象研究所は気象庁（国土交通省管轄）に所属する機関で、WEBサイトには「気象業務の技術に関する研究を行うことを任務とし、気象・気候・地震火山・海洋などの地球科学を総合的に研究している国立試験研究機関」であると紹介されている。

この気象研究所では、１９５７年から50年以上にわたって大気圏での人工放射性核種（ストロンチウム90とセシウム１３７。後にプルトニウムも追加）の濃度変動を調査し続けている。

３・11以降、気象庁は「放射能はうちの管轄ではない」と言い続けているが、実際には長期にわたってこうした貴重な調査を行ってきていたのだ。

この調査結果をグラフにしたものが図２‐12だ。

パッと見ただけでも、１９６０年代、米ソなど諸外国による核実験が行われていたときの東京の汚染状態は、チェルノブイリ以上だったことがわかる。

このグラフの縦軸はいわゆる「対数目盛」で、１、10、１００、１０００、１００００……というように、１目盛が対数で増えていることに注意しなければいけない。例えば、10^5は10^1の５倍ではなく１万倍（10の５乗）を意味する。

普通の等倍目盛で縦軸を書くととんでもなく縦長になってしまうためにこういうグラフになっている。

このリポートによれば、

「人工放射性核種は主として大気圏内核実験により全球に放出されたため、部分核実験停止条約の発効前に行われた米ソの大規模実験の影響を受けて１９６３年の６月に最大の降下量となり（ストロンチウム90が約１７０ベクレル／平方メートル、セシウム１３７が約５５０ベクレル／平方メートル）、その後徐々に低下した」

とある。

2000年以降は微量なため、1平方メートルの水盤装置でも検出が難しくなり、様々な技術を投入したということも解説されている。

これを見ると、1960年代のピーク時には、2000年以降フクシマ以前よりも1000倍、1万倍というレベルの放射性物質が降ってきていたことがわかる。

これはすごいことだなあと驚いて、ブログ（「阿武隈裏日記」）にも書いた。2011年4月22日のことだ。

その6日後の4月28日、『産経新聞』にこんな見出しの記事が出た。

「1960年代と同水準、米ソ中が核実験『健康被害なし』東京の放射性物質降下量」

リード部分をそのまま抜き出してみる。

「東京電力福島第1原発の事故で現在、東京の地表から検出される放射性物質（放射能）の量は事故前の数万倍に上る。しかし1960年代初頭にも、海外の核実験の影響で、日本でも同レベルの放射性物質が検出されていた。それでも健康被害が生じたことを示すデータはなく、専門家は『過度な心配は不要だ』との見方を示している」

これを読んだ人は「なんだ、昔にもいまと同じような状況があったのか。じゃあ、いちいち心配するのはバカみたいだな」と思ったかもしれない。

しかし、それは単純に誤りだ。1F事故後の日本の汚染はそんなものではない。

例えば、文科省は、3月22日に、「3月21日の雨の影響で、20日朝から24時間の間に放射性物質の降下量が増えた地域があった」と発表した。

3月21日9時から22日9時までの24時間で、東京(新宿区)でのセシウム137の降下量は5300メガベクレル/平方キロだったという。

1メガベクレルは100万ベクレルだから、53億ベクレル/平方キロ。わかりやすく単位を直すと、5300ベクレル/平方メートルだ。

前述の「環境における人工放射能50年~」によれば、過去の最高値は、1963年の6月で、ストロンチウム90が約170ベクレル/平方メートル、セシウム137が約550ベクレル/平方メートルだったわけだから、2011年3月21日9時からの24時間で東京都新宿区に降ったセシウム137は、過去最高時の「1ヵ月」の量の約10倍だったことになる。

これだけを見ても「1960年代と同水準」という産経新聞の記事は単純な誤りだとわかる。

セシウム137の半減期は30年だから、これを書いているいまも、この「1日で」東京に降ったた5300ベクレル/平方メートル分のセシウム137はほとんど減らずに環境中に残っているはずだ。セシウム137が降ったということは、当然、データをとっていないセシウム134なども降ってきているし、他の日にも、増減はあるものの放射性物質は確実に降り注いでいる。

ましてや福島周辺ではどうなのか。

5月6日に発表されている「文部科学省及び米国エネルギー省航空機による航空機モニタリングの測定結果」によると、原発から北西に延びるホットポイントにおける4月6日~29日までの24日間のセシウム137蓄積量は、300万~1470万ベクレル/平方メートルという区分けになっている。

過去最高だったという１９６３年６月（高円寺）の約５５０ベクレル／平方メートルとは４桁以上、それこそ1万倍のレベルで違う。

以上のことを「○○の××倍」という言い方で表せば、次のようになる。

（１）福島原発事故以前、放射性物質降下量が最大だったのは１９６０年代で、２０００年以降福島原発事故までの降下量の1万倍くらいあった。

（２）福島原発事故で大量に放出された放射性物質により事態は一変し、原発周辺地域の高濃度汚染地帯では、過去最高だった１９６０年代の軽く1万倍から10万倍というレベルの降下量を記録している。

（３）これを２０００年代、福島原発事故前の数値と比べれば、1万倍のさらに1万倍以上だから、「平常時」の軽く1億倍以上の降下量になった。

あまりにとんでもない数字なので、間違いではないかと何度も確認したのだが、何度見直してもこういうことになりそうだ。

「チェルノブイリの○倍／○分の1」というトリック

このように、「××の○○倍」という表現には問題がある。

1F事故後の報道でよく見かけるのが「チェルノブイリの○倍」あるいは「チェルノブイリの

○分の1」という表現だ。

チェルノブイリの○倍も汚染されているから大変なことだよ、とか、チェルノブイリに比べれば○分の1だからそうそう慌てなさんな、という意図で使われるのだが、どちらもあまり感心できない。

時事ドットコム(時事通信社WEB版)に、モスクワ支局長がチェルノブイリの報道陣用見学ツアーに参加したときの報告記事が出ていた。

それによれば、石棺(コンクリートで封印されたチェルノブイリ原発4号機)に近づくと5・24マイクロシーベルト/時、原発職員ら約5万人が住んでいたプリピャチでは、「コンクリートやアスファルトの割れ目に盛り上がるコケに線量計をかざすと、毎時2マイクロシーベルトを超え、土壌の放射能汚染をうかがわせた」とある。

このプリピャチは、1F事故後、よくテレビでも映像が出た。完全なゴーストタウンになっていて、事故後25年が経ったいまでも立ち入りは禁止されている。そこでコンクリートやアスファルトの割れ目に線量計をかざすと2マイクロシーベルト/時超、大元の現場である石棺のすぐそばで5マイクロシーベルト/時超だったというわけだ。

これを読んで、僕はまたまた「なんだ、その程度なのか」と思ってしまった。

いま、1F周辺では、それよりずっと高い線量を示すホットポイントがたくさん存在する。しつこく繰り返すようだが、福島市や郡山市内では、県や文科省が公式発表している空間線量においても1マイクロシーベルト/時超はあたりまえで、線量計を地表に近づければ5マイクロシーベルト／時くらい軽く超える場所がいくらでもある。

NHKの『ETV特集』で有名になったいわき市の荻と志田名という地区は、我が家から3〜4キロしかない「ご近所」。荻から黒佛木山《くろぼっけ》と大津辺山《おおつべやま》の間を抜けて行く道はよく通るが、車で通過する際、車内でも瞬間的に5マイクロシーベルト／時を超える線量を示す場所がある。マサイさんが最初にR－DANを持って一時帰宅したとき、1000cpmを超えてびびったという峠がまさにそこだ。いわき市と川内村にまたがっているが、どちらも20キロ圏外なので普通に人が暮らしているし、いわき市に食い込んでいる部分は何の制限区域にもなっていない（このエリアで川内村に該当する一軒が8月3日に「特定避難勧奨地点」に指定された）。

いまのチェルノブイリ周辺は、それよりも線量が「低い」のに、今なお立ち入り禁止、居住禁止処置になっているという現実。

メディアでよく見る「外部に放出された放射性物質はチェルノブイリの10分の1」とか「チェルノブイリの○倍の汚染！」などという文言は、一見矛盾するようだが、どちらもそう間違ってはいないだろう。放出された放射性物質の「総量」は福島のほうが少ないとしても、影響を受けたエリアでの汚染度合いはチェルノブイリ並み、あるいはより深刻な場所がある、ということだ。

旧ソ連と日本では土地の広さがまったく違う。

チェルノブイリ事故では、汚染は北欧三国やドイツ、オーストリアにまで及んで、長期間の農作物出荷制限を余儀なくされた（図2－13）。その範囲の広さを考えたら、日本列島などいくつも

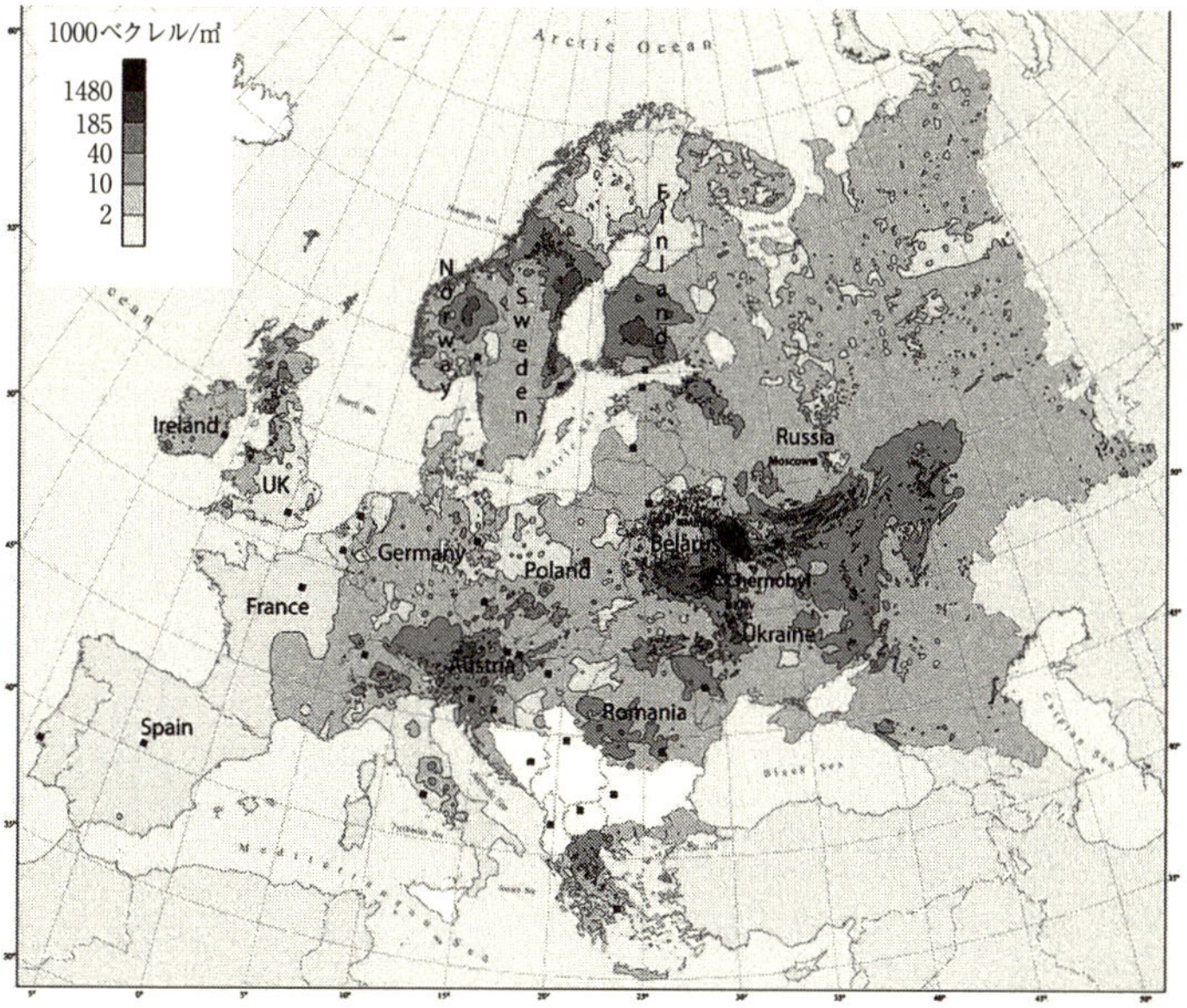

図2-13　チェルノブイリ周辺の汚染マップ　　汚染はヨーロッパ全土に及んだ。4万～18万5000ベクレル／平方メートルの汚染を表す部分が北欧三国やオーストリアにも及んでいることに注目（UNEP GRID-Arendal "Radiation from Chernobyl" より）

丸ごと呑み込まれてしまう。

原子力発電環境整備機構（NUMO）フェローで、前理事の河田《かわた》東海夫《とみお》氏が、2011年5月24日の第16回原子力委員会で「土壌汚染問題とその対応」というリポートを「資料」として発表している。

この河田氏は、核燃料サイクル開発機構の理事も務めたバリバリの原子力推進派だが、この人が上記の「資料」をもとに、以下のような指摘をした。

（1）チェルノブイリ原発事故では、1平方メートル当たり148万ベクレル以上の土壌汚染地域約3100平方キロを居住禁止、同55万〜148万ベクレルの汚染地域約7200平方キロを農業禁止区域とした。
（2）福島県内で土壌中の放射性物質「セシウム137（半減期30年）」の蓄積量を算定したところ、上記に相当する1平方メートル当たり148万ベクレル以上の地域は、東京23区の面積に相当する約600平方キロ、同55万〜148万ベクレルの地域は約700平方キロあり、それぞれ複数の自治体にまたがっている。

国策としての原子力、特に、狂気とも言える核燃料サイクル構想を本気で推進してきた人物が「チェルノブイリのときの規制を福島にあてはめると、東京23区と同面積が居住禁止に、それ以上の面積が耕作禁止になる」と認め、積極的に公表しているのだ。

彼はそう指摘した後に、「避難者を地元に帰し、生活を取り戻させるためには、大規模な土壌修復計画が不可欠であり、それらと連動した避難解除計画、長期モニタリング、住民ケアを含む包括的な環境修復事業（ふるさと再生事業）に国は強い決意で臨む必要があり、そのためにしっかりした体制を構築することが望まれる」と提言している。

この発言の真意がどういうものなのか、僕には今判断できない。

原発利権が崩壊したから、今度は「除染ビジネス」関連の利権を構築したいということで布石を打っているのなら警戒しなければいけないが、これは第3章で詳述する。

そうした他意がなく、単純に「放射線量による規制で住民を強制退去させることによる負担のほうが、放射線による健康被害よりはるかに大きいから、チェルノブイリのような厳しい規制を踏襲することは利口ではない」という主張であれば、その通りだろう。

現実に、いま、避難生活のストレスに耐えきれずに、多くの住民が、避難や強制退去後に命を落としたり、入院したりしている。

川内村の自宅のお隣のきよこさんは、避難先の親戚の家で、毎日帰りたい帰りたいと思い続けているうちに「気を遣いすぎて」家の中で転んで腕を骨折した。

近所の独居老人・まさおさんは、２ヵ月続いた避難所暮らしですっかり調子が狂い、家に戻ってきてすぐに脳梗塞で倒れ、入院した。

その隣の姉のつるこさんは、弟が入院したのを見届けた直後に心筋梗塞で倒れて入院した。

反対隣のすずきさん（仮名）のご主人（80代）も倒れて入院し、残った奥さんの話では「頭がやられてもうダメだ」という。

他にも近所の老人数人が避難の後に次々に亡くなっている。要するに我が家のご近所はほぼ全滅状態なのだ。１Ｆ事故がなければ、おそらくいまもみんな普通に暮らしていたことだろう。避難によるストレスと、農地が汚染されて、米作り、野菜作りという生活の核を奪われたことによる自己喪失感が命を縮めたことは間違いない。

日本人はチェルノブイリという前例から学ぶべきことを学ぼうとしなかった。そのことは深く反省しなければならない。

でも、こういう事態になった途端に「チェルノブイリの○倍」「チェルノブイリの○分の１」

というような比較をして、危険性や安全性を強調するのも間違っている。

プルトニウムやセシウムといった放射性物質はもともと自然界には存在せず、人間が原子力エネルギーを発見してから人工的に作り出されたものだ。つまり、もともとは数値的にはゼロだった。ゼロだったものの何倍とか何分の1と言うことがおかしい。

ものすごく微量な数値、つまり限りなくゼロに近い数値の何万倍と言ったところで、それが実際にどれだけ人体に影響するかの目安にはならない。

チェルノブイリのときの基準をそのままあてはめたら、福島には人が住めず、作物も作れないことになりかねない。それを国が強権発動して厳守させることは正しいのか。

福島から遠くで暮らしている人たちが「福島県全体を立ち入り禁止区域にしないのは殺人行為だ」などと主張しても、当の殺される側の我々はそんな簡単な理屈で動けるわけはない。福島に暮らし続け、放射線の影響で将来死ぬ（かもしれない）人の数より、福島から追い出されるストレスや生活の喪失で今日明日にでも死ぬ人の数のほうが桁違いに多いことは明白だ。

30キロ圏内にある医療施設や福祉施設は、事故直後、浮遊している放射性物質が最も多いときに無理矢理移動させられた。結果、避難の途中や避難先で何人も死んでしまったが、それは放射線を浴びたから死んだのではない。本来与えられなければならない治療や介護が寸断されたこと、過度のストレスと疲労に襲われたことで死んだのだ。

川内村には「あぶくま更生園」という障碍者福利厚生施設があった。経営は富岡町に本部を置く東洋学園というところで、あぶくま更生園の他に東洋学園成人部、東洋育成園、東洋学園児童部、グループホーム富岡事業所（以上富岡町）などを経営していたが、すべてが20キロ圏内の避難区域に入ってしまったため、移動に次ぐ移動を余儀なくされた。

震災翌日の３月12日に、東洋学園など富岡町の施設は川内村のあぶくま更生園に移動。しかし、すぐに避難指示区域が20キロに拡大されてあぶくま更生園も含まれてしまい、夜になって川内小学校へ移動。13日に今度は田村市の多目的施設に移動。移動してきた２００人に対して田村市の施設の収容能力は40人。当然、そこでもパンク状態で、その後は千葉県鴨川市の「青年の家」に移動した。

この移動に次ぐ移動の最中、東洋学園に入所していた23歳男性が３月28日に逆流した食べ物を喉に詰まらせて死亡。青年の家に移動後の４月27日にも小学６年生の女児が授業中にスタッフが目を離した隙に海で溺死している（『毎日新聞』「東日本大震災：知的障害者、相次ぐ急死…避難先で発作など」２０１１年６月16日）。

施設で働いている青年の話では、鴨川市の「青年の家」は障碍者用の建物ではないためバリアフリーではなく、車椅子の入所者を移動させるためにスタッフが２人以上で両側から抱えて階段を上り下りするといった、普段の何倍もの苦労を強いられている。

「川内村（のあぶくま更生園）に戻れればそれがいちばんいいですけど……」と言うものの、半ば諦めている様子だった。

事故から４ヵ月以上経って、30キロ圏内にあった医療施設・福祉施設の中には、郡山市や福島市内より低い線量の場所のところがあるが、無人のままで再開の見通しは立っていない。

放射性物質が高濃度に降り注いでしまった飯舘村では、村営の特養老人ホームは避難させずに残している。特養にいる老人たちにとっては、被曝による健康被害よりも無理に移動させることによって命を縮めるリスクのほうがはるかに高いことは誰にでもわかる。

しかし、その介護にあたる若いスタッフのリスク増大はどうなるのかということが当然議論の的になる。「汚されてしまった福島」で弱者はどう生きていけばいいのかという問題は、もはや深刻というレベルを超えてしまっている。

年間何ミリシーベルト以上なら避難しなければならない、それ以下なら何にもしなくていいというような単純な話では、まったくない。

低線量被曝の「権利」

いまのままでは、あらゆることがいい加減にされたまま、住民は放置され、解決策を見いだせないまま疲弊していく。

1ミリシーベルトだの20ミリシーベルトだのという机上の議論を闘わせているよりも、まずは汚染された地域の全世帯に線量計を配布し、自分の生活環境がどの程度放射線に晒されているのかを知らせることだ。水や土壌の汚染状況を細かく測定して公表することだ。同心円や自治体境界線で線引きをして命令を下していたのではあまりにも現実に合っていない。

飯舘村の人たちはいちばん危険なときに情報を隠されて高い線量を被曝させられた。さんざん被曝させられた挙げ句に、今度は強制的に退去である。多くの村民は、もう戻ってきて元の暮らしを再開することはできないとわかった上で村を去っていった。

そのすぐ隣の南相馬市北部エリアは、いまも相当な線量があるにもかかわらず何の区域にも指定されていないため、東電の補償仮払金も支払われず、避難したくても場所提供や資金援助をしてもらえない。いまも不安と絶望の中で被曝に耐えている。

「核開発に反対する会」が出している月報（2011年6月号）に、原田裕史《ひろふみ》氏が「低線量被曝、権利と義務」という文章を載せている。非常にわかりやすく、納得できる内容なので、簡単に紹介したい。

○安全値ではなく「我慢量」

ICRPは「放射線の害は、これ以下では害がないという閾値《いきち》はない」と言っている。その考え方でいけば、放射線のリスクはどこまでなら安全だというのではなく「どこまで我慢できるか」、つまり「我慢量」の問題になる。

放射線技師や原発労働者など、職業柄放射線に晒されやすい人たちの目安は、単一年で50ミリシーベルト／年、5年平均で20ミリシーベルト／年。これが現在では緊急時だからということで、250ミリシーベルト／年まで引き上げられている。

職業で被曝する人は、それで金（利益）を得ているのだから「我慢」もできるかもしれないが、事故で被曝させられる一般人はリスクだけで何の利益もない。

○ウクライナの避難基準と日本の避難基準

チェルノブイリ事故の5年後、ウクライナ（事故当時は旧ソ連だったが事故後に独立）は独自に基準を制定している。それによれば、一般公衆の被曝上限は年間1ミリシーベルト。これを超える場所の住民には「移住の権利」がある。また、年間5ミリシーベルトを超える場所の住民は「移住の義務」が生じる。

現在の日本では、この議論は年間20ミリシーベルトが基準とされているが、20ミリシーベルトを超えるといきなり「すべて捨てて出ていけ」では社会的に問題が大きすぎる。

○大人の被曝と子供の被曝

移住する「権利」は1ミリシーベルト／年で生じるべきだが、「義務」に関しては、急性障害の目安である100ミリシーベルト／年くらいまでにして負わせるべきではないのではないか。その程度までなら、「我慢して自宅に残る」という大人には、家に残る「権利」があっていい。

しかし、子供はそう簡単ではない。校庭が汚染されているなら、当然、通学路や自宅周辺にも汚染された場所は多々あるはず。学校丸ごとの疎開ができないのであれば、生活環境の除染に努力すべき。

○食料の汚染

水や食品が放射能汚染された場合の「我慢量」は、「どの程度の汚染であれば、食料がないより汚染されたものを食べたほうがマシか」という問題になる。55歳以上の大人なら、気にせずに好きなものを食べたほうが幸せだろう。

乳幼児や妊娠授乳期の女性は、極力安心できるものをとるべきだが、それも無理のない範囲でやるしかない。頑張りすぎて、ストレスや他の要因のリスクが上がることが心配。

ここで大切なのは「居残る権利」という考え方だ。

土や水という生活の基盤を汚された上に、我慢して暮らし続ける権利をも奪われたら、もはや人間として扱われていないに等しい。実際、１Ｆ事故後に僕の目の前で倒れていった近所の老人たちは、放射能ではなく、生きる意欲を奪われたことで倒れていったのだ。

日本はいま、従来の基準（ＩＣＲＰやウクライナの基準）をあてはめたら、福島県丸ごとプラスαくらいの規模で国土を喪失している。

これはもう、議論している段階ではなく、現実として直視するしかない。

国土の狭い日本で放射能汚染を発生させてしまったことがいかに取り返しのつかないことか、もっと深刻に受けとめなければならない。

その上で、ではどうすればいいのかという命題は、もはや「汚染された国で、残りの人生をどう生きるか」という哲学的な領域に入ったと言えるだろう。

「居残る権利」は、そうした哲学レベルの話だ。

行政・政治には哲学に介入する権利はない。

と言ったところで、現場では決められたルールや上からの命令に従って動くしかないだろうが、明らかに間違ったルールではなく、良心に従って、精一杯血の通った対応をしてほしい。

わざわざ線量の高い避難先の学校に通わされている子供たち

前出の児玉龍彦博士は、『医学のあゆみ』の連載エッセイ「逆システム学の窓」41回の中で、国の20キロ圏、30キロ圏の線引きが大きな障害になっていることを告発している。

以下、そのまま引用する。

東電の清水前社長と、経産省の海江田大臣は、国会答弁で、「政府による強制避難など被害の立証できるものは賠償する」として、立証のされたものしか賠償しないという方針を述べている。しかし強制避難は極めておかしな事態を生み出している。筆者が除染に加わっている南相馬市では、海側は毎時0・2から0・3μシーベルトと線量が低いのに、山側では30㎞以遠でも毎時0・6μシーベルトの学校もある。0・6μシーベルトの学校内のミニホットスポットでは6μシーベルトくらい出てしまい、それを除染している。今、20～30㎞圏では政府により学校の休校が強制されている。（略）市の7割を占める原発から20～30㎞圏では、学校が休校のため市がスクールバスでこどもを30㎞以遠に送迎し、1日あたり百万円の費用がかかっている。

ところが、30㎞以遠のほうが飯舘村に近く線量が高いのである。20～30㎞圏の学校については、政府は一律規制をやめ自治体の判断にまかせるべきである。賠償と強制避難を結びつけるのをやめ、住民の避難コストは東電と政府で支払うべきである。今でも、子どもだけは福島市、郡山市の親戚などに避難させている一家もあるが福島市のほうが南相馬市より倍以上空間線量が高い場合も多い。子どもの健康と生命を守るのに、全力をあげる必要がある。

まったく同じことが川内村でも起きている。

川内村唯一の小学校である川内小学校のグラウンドや、セシウム付着が最も高そうなウッドデッキの上などには、僕も実際足を運んで線量計測したが、それほど高くない。5月6日、グラウンドではせいぜい0・3マイクロシーベルト／時前後だった。

ところが、川内小学校が間借りして児童を通わせている郡山市の河内《こうず》小学校は、これよりずっと線量が高い。福島県が実施した県内の学校における線量調査（4月5日）では、地表1メートルで1・8マイクロシーベルト／時、地表で2・3マイクロシーベルト／時と発表されている。ざっと見積もっても、川内小学校の線量はこの5分の1程度ではないかと思われる。

わざわざ子供たちを地元の小学校の数倍線量が高い場所の学校に通わせていることになる。

これに関しては、県や村が知らないはずはなく、わかった上でやっている。

「緊急時避難準備区域」になってしまった村では学校が再開できない。家も学校も郡山市内よりずっと線量が低いエリアがあるのに、子供は線量の高い郡山市内に避難させたままで、川内小学校に通わせているよりも高い被曝をさせている。

川内村は広いので、ホットスポットも点在している。さらには20キロ圏内の警戒区域もあるので一律には言えないが、役場や小中学校がある村の中心部は、空間線量を計っても首都圏と大して変わらない。

こうした汚染の低いエリアの住民に関しては、線量の高い郡山市内に避難している期間が長引けば長引くほど、外部被曝量は増えていく。村民の中には「郡山の仮設住宅にずっといると被曝が怖いので、週末以外は（川内村の）家に戻っている」と言う者までいる。

こうした状況が今も続いている背景には、国が何もわかっていないのと同時に、県や村の側には、避難指示が解除されると賠償対象からも外される、あるいは賠償額が下げられてしまうのではないかという思いがあるからではないのか。

これでは「子供を犠牲にしてまで補償金を釣り上げたいのか」という批判が出てきても仕方ない。補償金のことは切り離して処理し、まずはどうすれば子供や老人など、弱い住民の被害を少しでも減らせるかと考えれば、いつまでも戻らないという後ろ向きな戦略をとり続けるのではなく、村の中での医療や物流支援など、臨機応変にやれることはたくさんあったはずだ。

低線量被曝を我慢すると決めた人間に、そこで暮らす「権利」を与えることは重要な考え方だが、それよりなにより、危険を少しでも減らす方向で現場が最大限の努力をするということはあたりまえのことだ。

これは行政だけでなく、福島に暮らす我々にも言える。こうした非常事態下では、権利だけでなく、最低限の義務も負わされているのだということを忘れてはならない。

裏付けもないのに無責任に「放射能なんて大丈夫だ」と言ってみたり、あるいは逆に「ここにいたら殺されてしまうぞ」などと声高にアジテートする人たちにはがっかりさせられる。

余計な火の粉が降りかからないように沈黙を決め込む人も多いが、もはや沈黙するだけでは義務を果たせなくなってしまった。

例えば、7月になって、放射能に汚染された藁を食べさせた牛の肉から国の暫定基準値を超えるセシウムが検出されるという「セシウム汚染牛肉問題」が一気に拡大した。

最初の汚染牛が発見された農家の主は、「原発事故前に収穫した稲藁は餌にしてもいいと言われたから与えただけだ」と語ったそうだが、普通に考えれば、刈り取った時期が3・11以前であっても、大気や土壌が汚染された後もずっと外に置いておけば藁に放射性物質が付着するのは当然のことで、いい加減に考えていたとしか言いようがない。

このニュース第一報が流れたときは、多くの人たちが、この一軒の農家の不注意で福島県中の牛肉が汚染されているかのような「風評被害」が生まれたことに憤ったが、その後、汚染牛肉は次から次へと発見され、最終的に沖縄を除く北海道から九州までの全都道府県に出荷されていたことがわかった。結果として、「風評」ではなく、福島県の牛肉はすべて出荷停止になり、その後、出荷停止は宮城県、岩手県、栃木県にまで及んだ。

原因となったのはすべて餌の藁だったが、牛の飼料用藁が商品として広く流通しているということを、この報道で初めて知った人たちも多かった。

今まで、安全を期するために国産の藁を買って与えていた酪農家たちが、汚染藁だと知らずに餌として与えていたことで大変な被害を受けたというやりきれない図式だった。

藁を食べた牛の肉にセシウムが移行するくらいだから、その藁の汚染度は半端ではない。安い線量計を近づけただけでも大変な数値を示す。酪農家たちがみな線量計を持っていて、藁を簡易スクリーニングしていたら被害はだいぶ減少していたかもしれない。

しかし、すでに書いたように、線量計は7月くらいまでは簡単には手に入らなかった。個人の努力ではどうにもならない面があった。

汚染藁の産地が、福島県外に広がっていたことも大きなショックを与えた。今まで汚染が低いと思われていた宮城県北部の藁までもが高濃度に汚染されていたのだ。

しかし、セシウムの拡散が宮城県にまで及んでいたことは、実は文科省データなどでわかっていたことで、それを農家に伝えなかった国や県に責任がある。

こうなってくると、いくら国や県に期待できないから個人でできる限りのことをやる、といっても、到底対応不能だ。

セシウムは比較的検査しやすいが、より危険度が高いストロンチウムやプルトニウムの検出は難しく、現状ではほとんど検査されていない。ごく微量であってもこれらを含む食品が出てくるようなら、日本の食生活はもはや壊滅的と言ってもいい。

医学的にどうのというよりも、精神的に、あるいは文化的に、経済的に壊滅的ということだ。

日本人全体がこの危機を乗り越えていく覚悟があるのか？　どうも、時間と共にどんどん怪しくなってきた。

4月くらいまでは、汚染拡散への恐怖よりも、「福島を応援しよう」ムードのほうが強かったように思う。

ある農家の息子は、東京で暮らす大学時代の同級生から、「福島応援フェアを企画したが、そこで売る福島産の米が足りなくて困っている。おまえのところに福島産の米が余っていないか。人助けだと思って、余っていたら回してくれ」という電話を受けて困惑したという。

別の青年は、地震直後、被災した実家に安否を確認する電話を入れた際、「東京のスーパーでは米が一斉に消えたよ」と言ったところ、さっそく米が送られてきたという。

震災直後は、こうした笑い話のようなことが実際にあちこちで起きていた。

しかし、7月に発覚した「セシウム汚染牛肉」あたりから、さすがに「福島を応援するために福島産の食物を積極的に買う」人は激減した。

牛乳を巡っては、「汚染された生乳を他の場所で生産された汚染されていない生乳と混ぜて、全体として基準値以下にまで薄めて出荷されている」という噂が飛び交った。

噂の発信源が元原子力委員会専門委員の学者なのだから呆れてしまう。

こうした処置がチェルノブイリ後のヨーロッパでは実際にされていたらしいことは、すでに書いた。そういう歴史があるから、日本でもされているだろう、という無責任な発言になったのだろうが、本当に困ったものだ。

スーパー（川内村の中にはないので、20キロ離れた小野町や30キロ離れた船引町まで買い出しに行く）の牛乳売り場を覗いてみると、製造所が福島県内になっている牛乳は大量に売れ残り、「北海道牛

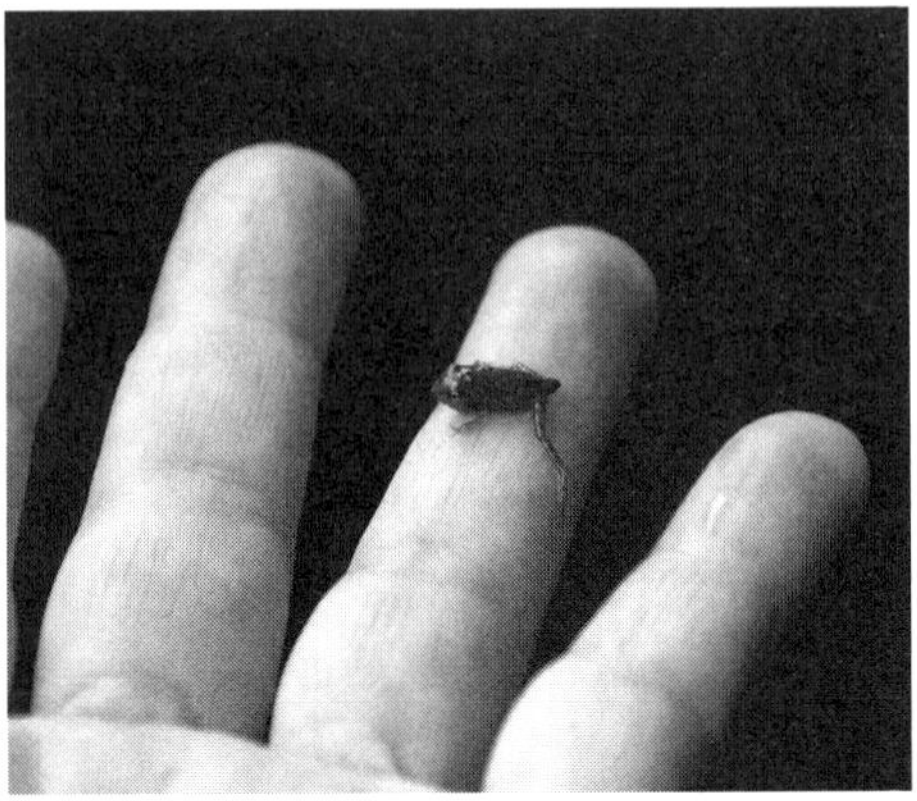

図2-14　今年生まれたモリアオガエルは例年よりずっと小さく肉付きも悪かった

乳」など、県外産の牛乳は常に売り切れか売り切れ寸前になっている。

福島県人といえども、福島県産と県外産の牛乳が並んでいれば、福島以外の牛乳を買ってしまう。これは「風評被害」とは言えない。実際に農産物や食肉、生乳などから放射性物質が検出されているのだから、リスクを少しでも減らしたいと思うのは当然のことだ。

福島を応援したいという人たちの気持ちはありがたいと思うが、もはや福島の人たちは、「頑張ろう」的な情緒だけで動くことに疲れている。

リスクを拡散して薄めることは必ずしも悪いことではないと思う。他に有効な策がないのだから。

同様に、善意も拡散して、少しずつ、できる範囲で助け合えばいい。

「低線量長期被曝」の影響は誰にもわからない

低量の放射線を長期間浴び続けるとどういうことになるのか？

正確なところは誰にもわからない、というのが正直なところだろう。

我が家の池で今年生まれたアズマヒキガエルたちは、異様に小さかった。

ヒキガエルは日本固有種としては東日本最大のカエルだが、変態直後は驚くほど小さい。変態直後のアマガエルよりもずっと小さい。それでも小指の爪くらいはあるのだが、今年生まれた子たちは、米粒くらいの大きさしかなかった。

アズマヒキガエルの後に変態したアカガエルやモリアオガエルたちも、例年より一回り小さかった（図2－14）。

いずれも卵が産みつけられたとき、池は線量計が鳴りっぱなしで、高い線量を記録していた。そのことが小さいまま変態したことと関係があるのかどうか、僕にはわからない。

こんな風に「いつもの年とは違うこと」は他にもたくさんある。アブが減り、ハエが増えた。ヘビの死骸を見る回数が増えた。あたりまえにいたアカガエルの姿が消えて、今まで見たことがなかったトウキョウダルマガエルが集まってきた。モリアオガエル繁殖地として国の天然記念物指定を受けている平伏沼《へぶすぬま》は水が完全に干上がり、今年産みつけられた卵は全滅した。カラスがけたたましく鳴くことが何度かあった。

……すべて、放射能とは何の関係もないことかもしれない。しかし、「いつもとは違うこと」を経験すると不安になることは間違いない。

チェルノブイリの事故後、汚染のひどかった森では生物が一旦死滅したが、外からどんどん流入してきて、いまでは野生生物の宝庫になっているという。

しかし、生物種によって影響の受け方が違い、ネズミ類は放射線への耐性を高めてしぶとく生き延びたが、外から渡ってきた鳥たちは大量死したそうだ。長距離移動で疲れきっている状態で放射線を浴びると、損傷を受けたDNAが回復しきれないからではないかという（NHK『BS世界のドキュメンタリー』「チェルノブイリ事故25年 被曝の森はいま」2011年5月10日）。

そうしたリポートも、チェルノブイリ以前にはありえなかった。

いま、福島では人間も含めた壮大な被曝実験が始まったところだ。僕もその被験者に加わっている。

わからないことだらけだといっても、ある程度わかっていることもある。

まず、恐れるべきは内部被曝だということ。

中でもアルファ線を出すプルトニウム。

アルファ線は紙1枚で遮れるし放射距離が極端に短いので、放射線源が体外にある限り恐れる必要はない。しかし、一度体内に取り込んでしまうと、1ヵ所に留まり、超ピンポイントで高エネルギーの放射線を浴びせることになるから、細胞の癌化につながる。

ベータ線を出すストロンチウム90も半減期が29年と長いし、カルシウムに似ていて体内に入ると骨に蓄積しやすいということだから、セシウムよりずっと危険だ。

原発作業員が白血病や癌を発病して死んでいく原因も、外部被曝より、内部被曝の影響のほうがはるかに大きいはずだ。

線量が高くても、外部被曝の場合は身体全体がその放射線をほぼ均等に受けとめるのに対して、アルファ線やベータ線などを出している物質が体内に入った場合の内部被曝は、極めて狭い部分だけが集中的に被曝する。どちらが危険性が高いかは素人にも想像できる。

内部被曝を完全に防ぐことは無理だろう。

いまの日本では、福島から遠くに行けば外部被曝量は減らせるが、放射性物質の付着したものは物流に乗ってどこにでも運ばれる。知らないうちに吸ったり舐めたり食べたり飲んだりすることは避けられないと思う。

ちなみに内部被曝はホールボディカウンターという装置で測定するが、基本的にはガンマ線しか計れない。しかも、この装置は日本に100台くらいしかない。福島県では、東電が持っているものを除けば、福島医大にある1台と福島県環境医学研究所にある2台だけ。

ホールボディカウンターの台数が足りないことも問題だが、はたしてこれで計測した結果、内部被曝が認められた場合、どうするのだろうか。身体の内部の話だから、シャワーを浴びて除染というわけにはいかない。

検査して内部被曝が認められたとなれば、ああ、やっぱり福島の汚染はひどいのですね、ということにはなるが、ではどうしましょうか、という話にはなかなか進まないのではないか。

そもそも、ストロンチウム（ベータ線）やプルトニウム（アルファ線）による内部被曝はホールボディカウンターでは計れない。知りようがないのだ。

僕も妻も、いまはもう、室内で0・5マイクロシーベルト／時以下、屋外で1マイクロシーベルト／時以下の放射線を浴びることについては許容している。

許容しているというのは正しい言い方ではない。諦めた、我慢することにした、ということだ。

家の中で走り回る子猫2匹（先日、警戒区域の入り口に捨てられているのを拾ってしまった）、家の外、線量が高いウッドデッキの上で寝そべる野良猫親子たち、ホットスポットの森からときどきやってくるテン、雨樋からの水が流れ込む池に暮らすカエルたちは、自分たちが棲む環境が変わったと知らないまま過ごしている。うらやましい。

原因を作ったのは人間だから、人間だけがストレスや不安、恐怖を抱かなければいけないのは仕方がない。

第3章　「フクシマ丸裸作戦」が始まった

安全な家を突然出ろと言われた南相馬市の人たち

1F事故直後に国や県が周辺自治体に何の指示も出さず、独自に判断・行動が取れなかった自治体の住民が軒並み被曝したことはすでに書いた。

当初、自衛隊でさえ放射能を怖がって20キロ圏内に入ろうとせず、海岸沿いで生き残っていたであろう津波被災者が見殺しにされたことも書いた。

政府がきちんと汚染情報を出さなかったことで、物流が途絶え、多くの地域に物資が届かなかったことも書いた。

これらは全部猛省すべき点だが、経験のない事態に遭遇した現場で起きたパニックや恐怖ゆえに的確な判断や指示ができなかったのだろうと考えると、単純に責めることばかりはできないかもしれない。

僕だって、情報がないまま1号機の爆発映像をテレビで見せられたときは気が動転して細かな判断ミスをした。個人や家族単位での行動を決定するのとは違う、行政現場での苦悩と焦燥は大変なものだっただろう。

しかし、時間が経過して、状況がはっきりわかってきてからの国や県の対応は、こうした「初動ミス」「判断ミス」よりはるかに恐ろしいものだった。

これがはっきりしてきたのは3月下旬から4月にかけてのことだった。

まず、福島県が理解しがたい動きをし始める。

3月30日、県知事は国に対して「20キロ圏内を、強制力のない避難指示区域から、法的に罰することができて立ち入り禁止にする『警戒区域』に指定してくれ」と要請した。

広く知られていないことだと思うので強調しておきたいが、国ではなく、県が「20キロ圏内を完全に立ち入り禁止にして隔離してくれ」と国に要望したのだ。

なぜ県が自分の身体の一部を縛ってくれ、切り捨ててくれと言い出すのか。

一説には、「火事場泥棒」被害がひどく、手がつけられなくなっていたからだという。

20キロ圏内での窃盗がひどかったのは事実だ。

富岡町、双葉町、大熊町などではATMが根こそぎ壊されて数億円の被害が出ていたが、それが報道されたのはずっと後、6月になってからだ。

富岡町では大手家電販売チェーン店が売り場面積2200平方メートルの新店舗を出して、3月下旬にオープンする予定だった。新店舗には商品が運び込まれ、箱に入った状態で店内に置かれていたから、泥棒たちにとっては格好の標的になった。

他にも商店は根こそぎやられ、店から品物がなくなると、金のありそうな家に標的が移った。

この時期は、必要なものを取りに戻ったり、残してきた犬猫に餌をやりに家に戻るたびに家財道具がどんどんなくなっているのを見てショックを受けたという人たちもいる。

20キロ圏ではない川内村でも、テレビが盗まれたという話がいくつもあった。

僕らはこうした被害の話を実際の被害者から伝え聞いて知っていたが、あまり報道はされなかった。

初期の頃は、これだけの災害に遭いながら被災地ではパニックは起こらず、被災者たちは落ち着いて行動している。日本人は素晴らしい、といった論調の報道がずいぶんなされていた。確かに被災者たちは我慢強く、自棄を起こす人は極めて少なかった。

しかし、プロの窃盗団などによる組織的犯罪はやりたい放題で、検挙はほとんどされていない。犯罪者たちは今頃笑いが止まらないことだろう。

犯罪防止が目的であれば、立ち入り禁止措置ではなく、パトロール強化をするべきだ。住民さえ立ち入りができないとなれば、窃盗団にとってはさらに仕事がしやすくなるかもしれない。そもそも、すでにおいしいものは大方盗まれてしまった後なのだ。

県からの要請に対して、首相官邸は当初腰が重かったが、押し切られたのか考えを変えたのか、4月18日頃から、20キロ圏内を法的に立ち入り禁止にする「警戒区域」に切り替えると周辺自治体に連絡し始めた。

僕が「一時帰宅」したのは3月26日だったが、その頃までには多くの住民が「この先、立ち入り禁止にされたらたまらない」と、避難先から何度も自宅に戻って重要なものを持ち出し始めていた。

避難所に犬猫を連れて行けず、置き去りにしてきた人たちは、警戒区域指定になると餌をやりに入ることもできなくなる。

全国からペット救済ボランティアがたくさん入り、犬猫の救出を進めていたが、牛や馬となればそうもいかない。それまで家畜の世話をするために頻繁に戻っていた人たちにとっては、警戒区域指定は家畜を殺すという意味になる。

警戒区域指定がどれだけ大変なことか、おそらく「外の人たち」には実感がわかないと思う。警戒区域が発令された４月22日に、南相馬市原町区で実際に閉め出された人たちを取材した『毎日新聞』（４月22日「福島第１原発：突然『出ろ』と言われても　20キロ圏封鎖」）の記事がわかりやすかったので、ここにまとめてみる。

○飼い犬の世話をするため避難せず、家族６人で残っていた飲食店員の女性（37）

……電気、水道、ガスも使える。数百メートルしか離れていないコンビニ店は警戒区域指定対象外で、客も多い。

「突然、今日出ろと言われても、いまは家族みんなが仕事に出ていて、夜にならないと何も決められない。父は『俺らはもう年だから放射能は怖くねえ。若いおまえらだけで離れろ』などと言ってるし、日が替わるまでに避難先を決めて、荷物を運ぶなんてできるのだろうか」

○50代の女性

……夫は第１原発の下請け企業に勤務。長男の会社は南相馬市内。二人の通勤の利便を考え、最近家族全員で自宅に戻ったところだった。

「ニュースを聞いて、とりあえず避難に必要な物だけはまとめたが、どこに行ったらよいのか。夫と息子が帰ってきたら相談するが、あまりにも唐突すぎる」

○高台にある円明院の住職（57）

「原発事故の当初、円明院は屋内退避にとどまる30キロ圏内だったが、その後、集落単位で線引きがなされると、今度は20キロ圏に組み込まれた。避難は安全のためのはずだが、境目はどこにあるのか」

○斎藤友子さん（47／農家）

……高齢の両親に代わって衣類、貴重品を取りに戻ったところ空き巣に入られていた。

「親は戻りたがってるが、体調も悪いし、ここで暮らせるかどうか。私たちの思い出も置いていくしかないだろう」

この人たちはそれまで特に問題もなく自宅で生活を続けていた。

周囲にはたくさん住民が残っており、ライフラインも生きている。近所の店に行けば買い物もできる。治安がどうのという問題もない。

それなのに、ある日突然、家に住んでいてはいけない、そこに留まれば法的に罰すると宣告されたのだ。

放射線量が高いのかといえば、そうでもない。南相馬市は西側は線量が高いホットスポットが点在するが、海岸沿いは概して低い。

4月18日時点での、文科省のモニタリングカーによる調査ではこうなっている。

南相馬市原町区堤谷根田（北約17キロ）0・44マイクロシーベルト／時

南相馬市原町区米々沢《めめざわ》（北約19キロ）0・57マイクロシーベルト／時
南相馬市原町区雫塔場下《しどけとうばした》（北約21キロ）0・4マイクロシーベルト／時

福島市や郡山市ではこのとき軽く1マイクロシーベルト／時を超える地点が多数あった。それと比較すれば何分の一かの低線量だ。川内村の我が家の室内の線量と変わらない。原町区の住民が家を出なければならない理由はない。

1F事故でただでさえとんでもない迷惑をかけられている上に、国家権力によって正当な理由もなく居住権を奪われたのだ。

南相馬市は、海岸沿いの人口密集地帯はあまり汚染されていないから、基本的に避難する必要はない。むしろ、浪江町や飯舘村に隣接する山沿い地帯の一部が高濃度に汚染されているから、避難を検討しなければいけないのだが、その多くは20キロ圏外、30キロ圏外なので、長い間ほとんど無視されていた。

政府のでたらめな指導に翻弄され続ける南相馬市は、本当に気の毒だ。

20キロ境界線を巡る攻防

20キロ圏内を警戒区域に指定して、住民の立ち入りを禁止させるにあたっては、当然のことながら様々なトラブルが生まれた。

まず境界線そのものの不透明さが問題になった。

半径20キロ圏内というが、その円の中心点はどこなのか？

1Fの敷地は広い。端から端まで数キロある。どこから20キロと言っているのか。僕はずいぶん探してみたのだが、結局どこにも明確な説明はなかった。

「原発の中心ってことだべ？」

「だからその中心がどこかって話さ」

「3号機の炉心あたりじゃねえの？」

「なんで3号機よ？」

「なんとなく。いちばん派手に壊れているし」

「正門でねえか？」

「正門に放射性物質が積んであるわけじゃねえぞ」

「敷地境界からでねえか？」

「そんなきれいな同心円にならんだろうが」

……こんな会話があちこちでされていた。与太郎問答のように思えるかもしれないが、実際、わからないのだ。

僕も地図にコンパスで円を描くとき、コンパスの脚を1Fの敷地のどこに突き刺せばいいのかわからず悩んだ。

川内村では、当初、下川内交差点（国道399号が県道36号小野富岡線にぶつかる場所）に検問が置かれ、ここから富岡側への立ち入りを禁止していた。

しかし、この交差点からすぐのところに「ゆふね」という複合医療施設があり、これが立ち入り禁止となると村唯一の医療施設が使えなくなってしまう。そこで村はオフサイトセンターに直談判し、検問をゆふねの向こう側まで下げさせた。

こんな風に、20キロ境界線というのは、文句を言うと簡単に移動する程度の曖昧なものらしい。

その「ゆふね」のもう少し先に、遠藤モータースという自動車修理屋さんがある。ここの社長は当初から営業再開する気満々で、村民も期待をしていたのだが、遠藤モータースはぎりぎり20キロ圏に入ってしまった。

そのさらに先に割山トンネルという長いトンネルがあり、このトンネルのある割山峠に連なる大鷹鳥谷山《おおたかどや》、鬼太郎山《おにたろう》などの山が川内村を海側と隔てていることが、川内村特有の気象に大きく関係している。川内村中心部の汚染が軽度で済んだのは、これらの山が放射性物質の流入を防いでくれたからだと考えられる。だから、もし境界線を引くなら、このトンネル入り口（1Fからは約12キロ）が理にかなっているのだが、国もそこまでは臨機応変には変更してくれなかった。

もうひとつ、「いわなの郷」という村内最大の複合施設（宿泊施設、食堂、会議室、多目的ホールなどがある）も20キロ境界線ぎりぎりに引っかかって立ち入り禁止になっていたのだが、これも「ゆふね」同様、村がオフサイトセンターに掛け合って検問所を下げさせた（図３－１）。

ゆふねといわなの郷が使えるか使えないかは、村にとって大きな問題だった。

特に「ゆふね」には医薬品や医療検査機器があり、血液検査などもその場でできるくらいの新

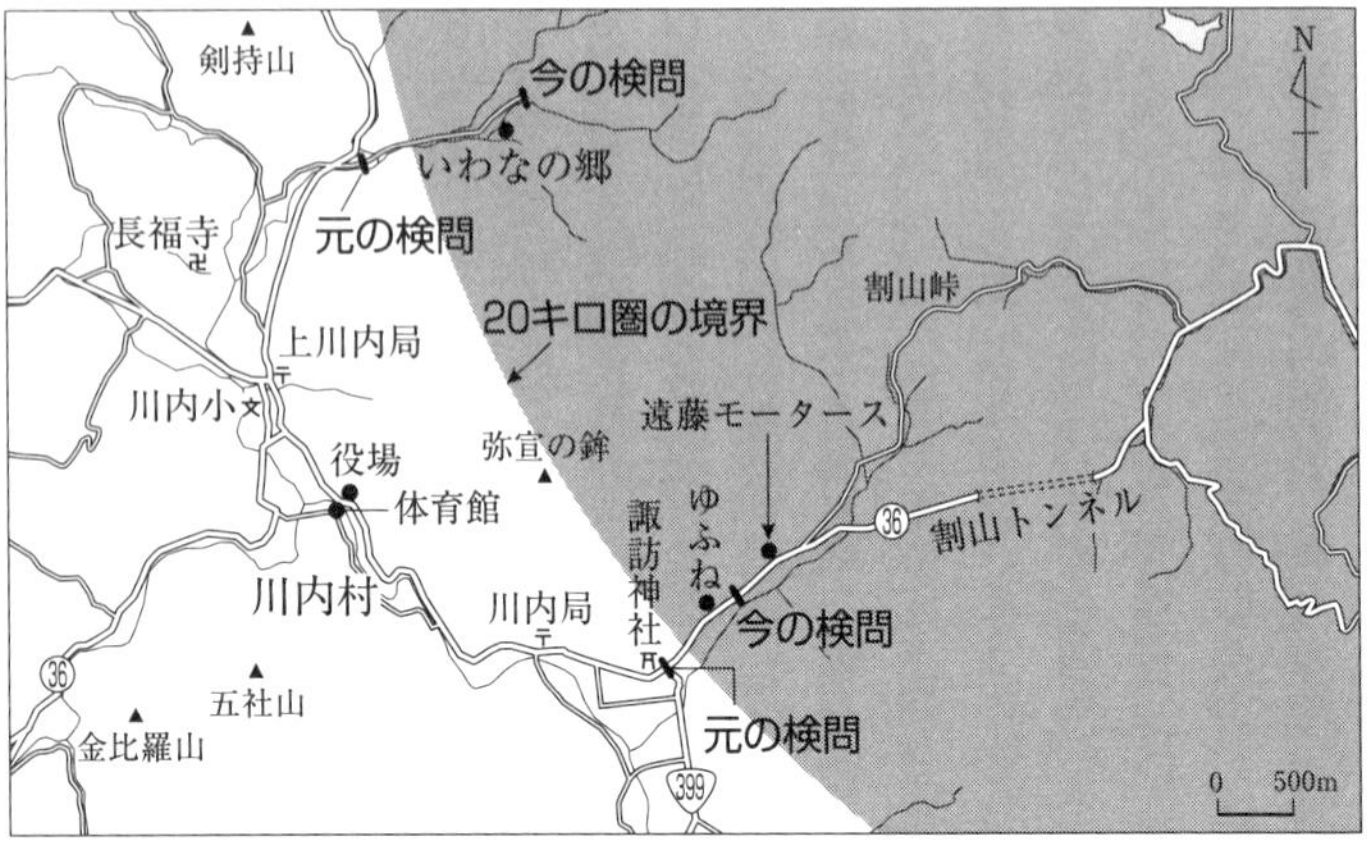

図3-1　川内村の20キロ境界線

しい施設だから、ここが使えないとなると、今後、医師が確保できても働く場所がないことになってしまう。

ゆふねの放射線量は福島市や郡山市と同程度、被曝による被害はほとんど考えられない。

逆に、村唯一の医療施設を封鎖されることによる危険は計り知れない。村に戻っている人たちの多くは、家族に老人を抱えているために避難所生活が続けられないということで戻っていた。独居老人も多く、彼らにとっては「ゆふね」を奪われることは命綱を切られるのと同じなのだ。

川内村は20キロ同心円の境界線によって完全立ち入り禁止の警戒区域と20～30キロにかかる緊急時避難準備区域の2つに分断されたが、南相馬市や浪江町は、20キロ圏の警戒区域、30キロ圏の緊急時避難準備区域、それ以外と3分割され、さらに混乱を深めた。

しかも、浪江町や南相馬市では、むしろ20キロ圏内よりも30キロ圏や30キロ圏外に高濃度汚染地域が多いという一種の逆転現象が起きていた。

特に浪江町の20キロ圏は、線量のばらつきがとても大きい。

文科省が計測したデータを見ると、原発から6～9キロ圏内という非常に近いエリアでも、

○浪江町大字酒井　（北西約7キロ）　20・00マイクロシーベルト／時
○浪江町大字高瀬　（北北西約8キロ）　0・55マイクロシーベルト／時
○浪江町大字藤橋　（北約8キロ）　0・86マイクロシーベルト／時
○浪江町大字幾世橋　（北北西約9キロ）　0・60マイクロシーベルト／時
○浪江町大字高瀬　（北北西約6キロ）　0・93マイクロシーベルト／時
（4月18日午後のデータ）

……と、20マイクロシーベルト／時を超えるところがあるかと思えば、1マイクロシーベルト／時以下のところもたくさんある。原発から10キロ圏内でも、福島市や郡山市以下の線量しかない場所が存在するのだ。

国や県には、もはやこの事態を正しく収拾・解決する能力がないとしか言いようがない。

福島では、いわば「平時」は終わり、「非常事態」になった。

放射能という地雷に怯えながら、なおかつ、政府の警戒区域指定という爆撃を受けながら、自分で自分の身を守り、生きていくしかないと覚悟せざるをえなくなったのだ。

30キロ圏内に入れてくれと言った田村市、外してくれと言ったいわき市

2011年8月末時点で、福島県は、

①警戒区域（立ち入り禁止）
②緊急時避難準備区域（健常な大人は生活していいが、学校や病院などは再開していない）
③計画的避難区域（期限までに避難させられるが、立ち入り禁止ではない）
④無指定区域

の4つの区域に分けられ、さらには④のなかには

⑤特定避難勧奨地点（区域ではなく、住宅単位で避難を勧め、避難先確保などを支援する）

というものが存在する。

この複雑な区分けに、住民は翻弄され続けている。

我が家は②の「緊急時避難準備区域」にあたる。

これは基本的には1Fから30キロ圏内のエリアなのだが、図3－2を見ていただくとわかるように、実際にはきれいな円になっていない。

田村市の一部で膨れて外にはみ出し、いわき市の部分で引っ込んでいる。

これはどういうことなのか。

まず、いわき市は、風評被害を避けたいという思惑から、早々と県や国に対して「いわき市の30キロ圏にかかっている部分を無指定にしてくれ」と要求した。このエリアへの指示はいわき市

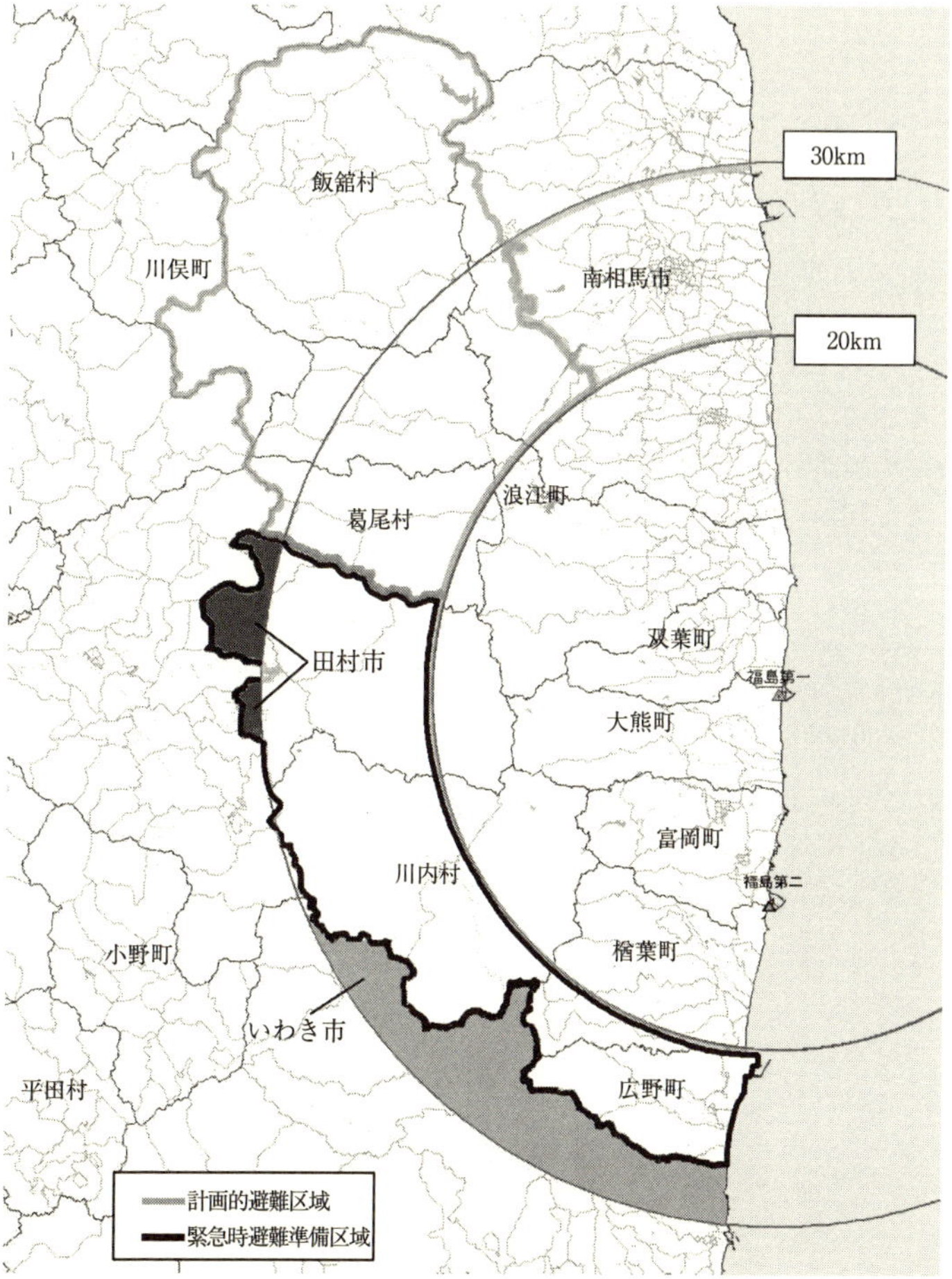

図3-2　福島県の「区域分け」（2011年８月31日現在）

が責任を持って実施するから、「○○区域」にするのはやめてくれ、というわけだ。

その結果、30キロ圏にかかるいわき市の部分は「緊急時避難準備区域」から除外されることになった。

しかし、実際にはこの除外されたエリアには、すでに説明したいわき市の荻、志田名などのホットスポットが存在する。

このエリアは緊急時避難準備区域からは外されたが、1Fからの30キロ圏なので、東電が最初に決めた補償仮払金の支給対象になっている。また、いわき市も線量が高いことは把握しているので、住民から要望があれば避難用の住居などを斡旋している。つまり、実際にはいろいろな援助が受けられるのだが、「緊急時避難準備区域」という国の指定からは外れているということだ。

では、逆に外側に膨らんでいる田村市の一部はどういうことなのか。

すでに書いたように、20キロ境界線が旧都路村を分断したため、田村市は正確な線引きができず、都路地区全域に避難指示を出すしかなかった。

さらには30キロの境界線も中途半端なところに引かれてしまって、同じ行政区をあちこちで分断されてしまった。

当初、東電の補償仮払金は30キロ圏内の住民に支払われると決まったため、同じ地区でありながら、30キロ圏に入った家には東電の仮払金を受け取る「権利」が生じ、残りの家にはない、という状況ができあがった。そこで、30キロ圏外の人たちから、「被災状況において何も変わっていない近所同士が、かたや100万円もらえて、かたやもらえないとは何事か」というクレームが出た。そうした混乱をこれ以上深めないためにも、この地区全部を東電仮払金支払い対象となる緊急時避難準備区域にする必要が出た、というわけだ。

海岸沿いの津波の直撃を受けた被災エリアを除けば、福島の「被災地」は見た目は何も変わらない。今までと何も変わらない風景の中で、見えない放射能による被害と補償を巡り、いまも様々な人間模様が展開されている。

仮払金・義援金を巡る悲喜劇

東電の補償仮払金を巡っては他にもいろいろな問題がある。福島以外の人たちには伝わらない話だろうから、少し詳しく解説しておこう。

最初に決まった仮払金の内容は、1世帯（2人以上の世帯）当たり100万円、単身世帯には75万円というものだった。

しかし、親・子・孫の3世代10人家族が1世帯を形成している場合も、子供のいない夫婦だけの世帯も、同額の100万円というのはどういうことか、という苦情が出た。当然だろう。

さらには、もともと10人家族でも、8人の子供が就職などで全員別の家（社宅やアパートなど）に暮らしていた場合は8人別々に75万円支払われ、親の世帯に100万円だから、合計700万円になるが、8人の子供が親と一緒に住んでいると1世帯とみなされて100万円しか支払われない。ひとり当たり10万円だ。これまたおかしな話ではないか、となる。

同じ家に住んでいても入籍しておらず、別々に住民登録していたカップルは「単身世帯×2」

と計算されて、75万円×2で150万円受け取れる。入籍している「正規の夫婦」は100万円なのに、入籍していないと150万円という変なことになる。

単身世帯として75万円を受け取った人の中には、たまたま単身赴任で社宅や安い公共住宅に住んでいた人も多い。そうした人たちは特に福島という地に思い入れがあるわけでもなく、事故後はすぐに本社に呼び戻されたりして、思いがけず手に入った75万円を宝くじに当たったように感じたと正直に告白している。

このように、支払われた100万円、75万円については、受け取った側の気持ちの差があまりにも大きい。

農家は生産手段である土地そのものを失ったに等しい。こんなはした金でどうしろというのかと怒り、これからの人生に絶望する。100万円が1000万円であっても1億円であっても、自分の人生をかけて育ててきた、安全で肥沃な土を奪われた代償にはならない。

いちばん悲惨なのは、大変な被害を受けながら、30キロ圏外だというだけで仮払金が支払われないケースだ。収入が途絶え、逃げる場所もないという状況に追い込まれながら、ほとんど援助が届かない人たちがたくさんいる。

6月13日の午後、某大手新聞社の記者がわざわざ福島市からタクシーで川内村の我が家まで来て取材をしていった。

ちょうど飯舘村の話をしていたところに、その記者のケータイに上司から電話が入った。

「飯舘村で酪農をやっておられたかたが自殺したそうで、いまから急遽取材に向かうことになりました。すみません、ここで」……と、彼は我が家を後にした。

後でわかったことだが、正確には「飯舘村の酪農グループに所属していた相馬市玉野地区の住民Ｋさん（55歳男性）」だった。

この男性が住んでいた相馬市玉野地区は飯舘村に隣接している。福島の人には「霊山《りょうぜん》の東側」と言ったほうがわかりやすいだろう。

霊山町も汚染がひどく、戸別に「特定避難勧奨地点」に指定された家が存在するエリアだ。しかし、霊山町でも飯舘村でもない相馬市玉野地区は、第一原発30キロ圏のはるかに外だから、東電の補償仮払金の対象外。計画的避難区域にも指定されていないので、義援金も渡りにくい。

相馬市のサイトで確認してみたところ、義援金の分配方法は、

○国の義援金　死亡者、行方不明者ともに１人当たり35万円
　家屋の全壊・全焼：35万円、半壊・半焼：18万円
○県の義援金　１世帯５万円

……とあった。おそらく自殺したＫさんは、家族全体でも、この時点では県からの義援金５万円しか受け取っていなかったと思われる。

あまりにも高濃度の汚染をしていたため、相馬市では玉野地区で避難を希望していた数世帯に、福島市内に避難先の住宅を用意した。しかし、Ｋさんの場合、妻子は妻の出身国であるフィ

リピンに避難させて、ひとりだけこの地に残って、毎日搾った牛乳を捨てていた。その間、疲弊しきって、精神状態が限界に近づいていったのは当然だろう。

飯舘村、葛尾村、南相馬市、相馬市などは、今まで原発の恩恵を受けずに自力で頑張ってきた地域だ。そうしたエリアの住民が、このように最も理不尽な目にあわされた挙げ句、孤立無援状態に耐えているのだ。

テレビではよく、体育館のようなところに集団で避難している人たちの映像を流すが、Kさんのように、ひどい放射能汚染に巻き込まれながら避難所も与えられず、家畜を抱えて避難しようにもできなかった人たちのことも忘れてはならない。

避難所から出て行こうとしない人たち

郡山のビッグパレット避難所に2ヵ月以上いたまさおさんは、自宅に帰って来るなりこう言った。

「避難所にいれば三食昼寝つきで何もしなくてもいい。毎日がお祭りみたいなもんだった。身体はなまるし、このままだとダメになると思って戻ってきた。俺みたいに2ヵ月もあそこにいた怠け者は珍しいべ」

そもそも川内村20キロ圏外の線量はほとんどの場所で郡山市より低いのだから、何のために避難しているのかわからない。

まさおさんのように「あのままいたら身も心もダメになる」と自覚して戻ってきた人たちはま

だいいのだが、仮設住宅に移ることを拒否して、集団避難所から出ようとしない人たちも少なくなかった。仮設に移れば自分たちで食事を作り、光熱費を払わなければならない。金がかかるのは嫌だ、という理由からだ。

加えて、集団避難所にいた人たちには後から補償金や慰謝料が多めに支払われるらしいという噂が広まったことも理由のひとつになっていたという。

避難所周辺のパチンコ店は連日避難者で盛況だった。

また、集団避難所から溢れた人たちは、磐梯熱海や猪苗代湖畔などの温泉旅館、その他各地のレジャー施設などに入っていた。

温泉施設に入った人たちは、三食昼寝つきに加えて温泉まで入り放題。「毎日が慰安旅行」状態が続き、これまたなかなか出ていこうとしない人が増えた。

猪苗代町などのホテルには、浜通りの原発立地から避難してきた人たちが入っていたが、一部の避難者から、飯(地元の人たちが炊き出しをして提供していた食事)がまずくて食えないなどと文句が出て、避難者を受け入れた地元住民との間にわだかまりが生じた例もあった。

公共の保養所も避難所として活用された。

福島県中通りの某所にある公営のコテージ施設も避難所になった。コテージだから別荘風住宅といえるが、30キロ圏の家族は無料で入居でき、食事もバイキング形式で食堂に用意された。緊急時避難準備区域の自宅に戻って普通に生活していた家族は、そこを申し込んで実際に別荘代わりに利用していた。

「気分転換になるし、食事がタダだからたまに『別荘』に泊まりに行くのよ」

と言う。

他にも、緊急時避難準備区域の自宅に戻って普通に生活していた人たちが、郡山市内のアパートを「みなし仮設住宅」として申し込んで仕事場兼移動時の宿代わりに利用したりするなど、みんなちゃっかり「避難者生活支援制度」をフル活用していた。

集団避難所では食料や日用品が無料で支給されていたが、その配給の列に何度も並び、もらった物品を段ボールに詰めて宅配便で実家に送ったり、車で何度も自宅に運び入れたりして「店開けるほど物がいっぱいある」などと言っている人もいた。

こんなふうに、「避難太り」とでも呼べそうな現象が起きていたが、8月になって東電から「避難等にかかる追加仮払い補償金のお支払い基準」なるものが示されると、実際に「戻らなければもっと金がもらえる」が本当だったことがわかった。

この基準によれば、

①6月10日時点で避難している、または避難後、5月11日～6月10日の間に帰宅した人――1人30万円
②避難後4月11日～5月10日の間に帰宅した人――1人20万円
③4月10日までに帰宅した、または屋内待避のみだった人――1人10万円

という3段階のレベルに分けて追加の仮払い補償金を支払うという。

しまおさんのように、動けない老齢の親を抱えていて、とても避難所生活は無理だと判断し、すぐに自宅に戻り、物資が届かない中でじっと耐えていた人は10万円で、避難先で3食昼寝つき、場合によっては温泉入り放題を続けて家に戻らなかった人たちは、1人30万円だというのだ。

家畜の世話をするため、家業を守るため、消防などの公務のために自宅から出られなかった人たち、言い換えれば「自力で頑張ってきた人たち」はどう思っただろうか。

ましてや、相馬市玉野地区で自殺した酪農家Kさんのような、計画的避難区域にも30キロ圏にも含まれない場所でひたすら被曝した人たちには一銭も支払われないまま後回し。

高い線量で被曝させられ、収入基盤が破壊され無収入状態に追い込まれた上に今後の見通しも立たないまま耐えている人が、いつまで経っても補償されず、貧窮、疲弊していく状況は、到底許されるものではない。

無駄だらけの仮設住宅

6月に入ると、福島県内にも仮設住宅ができたが、南相馬市のように、足りなくて応募倍率が7倍を超えるところがあるかと思うと、入居する人がいなくてガラガラの仮設もあるという不均衡現象が起きた。

仮設住宅が余るという現象は福島県以外でも起きていた。

釜石市では、３１６４戸のうち2割に相当する７００戸が余る見通しだと市議会で報告された（『岩手日報』２０１１年7月29日）。

震災直後は、仮設住宅が足りないと大騒ぎしていたが、要するに日本には普段あまり活用されていない民間賃貸住宅や公共保養施設がかなりあったのだ。

民間賃貸住宅を仮設住宅として認めて補助金を出すという「みなし仮設住宅」制度を国が決めたのは4月30日のことだったが、最初からこれをやっていれば、仮設住宅がだぶつくなどという理不尽な状況は起こらなかっただろう。

6月半ばの時点で、この「みなし仮設」は岩手、宮城、福島の3県で2万４０００戸を超え、その後も急増し続けている。

テレビに映し出される仮設住宅の見栄えは、場所によってずいぶん違う。かっこいい煉瓦風サイディング仕上げ２ＤＫの豪華版、地元の間伐材を利用した木造住宅やログハウスなどというものがあるかと思えば、見るからに安っぽい、土建屋さんの工事現場事務所風のプレハブで台所に四畳半一間というものもある。

薄い壁で隣の声がまる聞こえ、津波被災地では外から入ってくる猛烈な腐臭を遮ることもできず、こんなちゃちな仮設住宅では到底冬を乗り切れないと、入居後すぐに出てしまう人たちも多かった。

その結果、7月になると、みなし仮設への入居者数が仮設住宅への入居者数の約2倍にまで膨れあがった。福島県では仮設住宅への入居数が５５１５戸に対し、みなし仮設への入居数は１万

6226戸と、約3倍になっている（7月6日時点、厚労省、国交省調べ）。

宮城県でも7月14日時点でみなし仮設への入居決定件数が2万257件に上ったと発表した。これにより、宮城県でも相当数の仮設住宅が余ることが確実になった（『河北新報』2011年7月22日）。

仮設住宅はその名の通り、そのうちに解体・撤去される運命にある。そこにずっと暮らせるようなものを造っているわけではない。

災害救助法で定められているプレハブ仮設の費用は1戸当たり238万7000円。これに解体費を入れると約340万円になるそうだ（『産経新聞』2011年6月16日）。

それに対して、民間賃貸住宅をそのまま使う「みなし仮設住宅」は、当然、永住もできるクオリティで造られている。県が借り上げて割り振る従来方式ではなく、利用者が自分で見つけてきた物件を申請できるため、その人の生活形態や都合に合わせて細かな対応ができる。

家賃援助は月額6万円程度。福島県の場合は5月14日にこれを9万円にまで引き上げた。

6万円であれば、敷金などを入れても2年間で総額約150万円。福島県のように9万円まで出すという場合でも2年間で200万円台で済むから、プレハブ仮設よりずっと安く済む。なによりも、すでに存在している家を使うのだから、待たせることがない。余計なゴミが出ないし、エネルギーも無駄にならない。

国は最初からこうした「実のある援助政策」を実行するべきだった。2004年の中越地震の時も、仮設住宅の欠陥やコストパフォーマンスの悪さは問題になったのだから、みなし仮設のような法案はとっくに整備しておかなければならなかった。

岩手県では、国がもたついている間に県が「自力で賃貸契約をした被災者の家賃を県が補助する」という方針を打ち出していたし、宮城県岩沼市でも、いち早く月3万円の補助金を自力契約者に支給し始めていた。

岩沼市では約6600人の被災者が26ヵ所の避難所に詰め込まれていたが、独自政策が功を奏して6月5日にはすべての避難所を閉鎖することができた。

こうした政策をすぐに打ち出せなかった政府は、震災後1ヵ月半以上かかってようやくみなし仮設住宅の計画を出したが、この遅れによって建設業界も大混乱になった。

みなし仮設住宅が認められたため、プレハブ仮設の申し込みキャンセルが続出して、各自治体はキャンセル対応に追われ、意味のない労力を強いられた。

政府からの要請で、建材メーカー、プレハブメーカーなど、業界は総掛かりで大量受注に対応したが、みなし仮設が始まってからは大量のキャンセルが出て、2万戸分以上の発注済み資材が宙に浮いた。

仮設住宅用に、通常の柱や壁材などを短く切って対応したケースでは、在庫になっただけでなく通常の建築へ使えないゴミを大量に作り出してしまう結果となってしまった（以上、『産経新聞』2011年6月16日など）。

政府はその責任をとるつもりはない。

もう一つ、仮設住宅に関連しては「家電6点セット問題」というのがある。

仮設住宅やみなし仮設住宅に入居した世帯には、日本赤十字から家電6点セット（洗濯機、冷蔵庫、テレビ、炊飯器、電子レンジ、電気ポット）が無償支給される。これは貸与ではなく供与なので返却する必要はない。

そこで、6人の家族が2人ずつ分かれて3軒の仮設住宅を申し込み、家電6点セットを3組もらって、2組をすぐに売り払って現金化したという話もある。

ヤフオクやリサイクルショップに出され、被災者ではない家に渡った家電もある。

この家電6点セットは、海外からの義援金が原資になっているそうだ。海外で日本の悲惨な津波被災地の映像を見てお金を出した人たちは、自分たちの義援金が家電品になり、被災者でもない人の部屋にヤフオク経由で渡ったとは夢にも思わないだろう。

しかも、この家電6点セットは「災害救助法上の応急仮設住宅で生活する被災者」が対象となっているため、例えば、企業が無償提供した社宅などで避難生活を始めた家族には渡らない。床上浸水して家財道具を事実上全部失ってしまった家族が、家を自力で補修しながらそこに寝泊まりするようなケースであっても渡らない。

そもそもなぜ集まった現金をわざわざ家電品という「物」に換えて渡すのかがわからない。必要なものは被災者によって違うし、家電品を買って配るという段階で人件費、物流費など、大変なロスが出る。現金で渡したほうがいいに決まっているではないか。

これは被災者の間では必ず話題に上るが、メディアが問題点を報道しているのを未だに見たことがない。

汚染のひどい都市部の補償はどうするのか

葛尾村、飯舘村など、1Fから北西部の汚染がひどいことはすでに周知のことだが、北西方向に流れた放射性物質は、福島市あたりでUターンするような形で国道4号線に沿って南下した。その結果、福島市、二本松市、本宮市、郡山市と、中通りの都市部がことごとく汚染され、その先の白河市や栃木県の那須塩原あたりもかなり汚染されてしまった。

6月にもなると、川内村の我が家の周辺で線量計のアラーム（閾値は0・6マイクロシーベルト／時にセットしている）が鳴ることはまずなくなったが、郡山市内や福島市内では9月になってもアラームが鳴る場所がかなりある。9月に福島市内の信夫山墓地にある鐸木家の墓に行ったときは、墓地の敷地内ではアラームが鳴りっぱなしだった。空間線量はおよそ1マイクロシーベルト／時前後。地表付近では軽く2マイクロシーベルト／時くらいを記録。線量計の表示は赤く変わり、「DANGEROUS RADIATION（危険な放射線量）」と告げる。

中通り都市部の人たち、とりわけ子供のいる世帯は、高い線量を心配して次々と県外に脱出している。子供の被曝を心配する親にとって、汚染地帯からの脱出は即決事項だから、家や仕事を捨て、相当な無理をして移転を決行した人たちも多い。

また、浜通りの津波被害がひどいのであまり報じられていないが、福島市内では場所によっては地震そのものの被害も結構あって、壊れた家を直すために経済的負担を強いられている人たちも多い。もちろん、仕事の面でも様々なダメージを受けている。そこに、放射能汚染の不安がプラスされている状況なのだ。

コンクリートとアスファルトで被われた都市部では、除染などまず無理である。今後長い期間、放射能に対するストレスや経済損失が、じわじわとボディブローのように人々を疲弊させ、傷つけていく。

それでも都市部の人たちは文句も言わずに耐えている。津波で家や家族を失った人たちや、理不尽な形で村や町を失った人たちの姿をテレビの映像で見ているだけに、自分たちはまだ幸せなほうだと言いきかせているのだろう。

福島の人口が集中している中通りの都市部が相当汚染されたということを、メディアはあまり強調しない。このエリアでは、汚染がひどくても農地に作付け制限は指示されていないし、東電の補償金仮払い対象にもなっていない。

移転した人の新居購入や引っ越し費用、失業補償を完全にやったら、とんでもない金額になる。連鎖反応で、残っている人々の動揺も大きくなる。そうなるとまずいので、実際の被害を小さく見せるために「過疎地に注目させて、都市には目を向けさせない」ということなのだろう。

中通りの都市部住民は、「切り捨てられた原発被災者」と言える。

事故後「原発ぶら下がり体質」はさらに強まった

農業を始め、「食」に関係する仕事をしていた人たちにとって、放射能汚染は仕事を奪われるだけでなく、過去から未来にわたり、人生そのものを奪われることだった。

うまくて安心な農産物、畜産物を作り出すために、土を作ること、森を育てること、水を守ることをなによりも大切にしてきた人たちにとって、見えない汚物をばらまかれたことは耐えがたい。

自分が死んだ後も、子供たちに「土や森と共に生きる」人生を継いでほしいと思って暮らしてきた人たち。それが、放射能によって全部不可能になってしまった。

なぜこんな理不尽な目にあわなければならないのか。

ところが、福島を外から見ている人たちには、そうした人生観、価値観がわからない。功利主義的な目で、端的に言えば「ビジネスモデル」のひとつとして福島を見る。

どうせダメなんだから、いっそここに汚物や迷惑施設を集めてしまえばいい。復興目的なら国からいくらでも金が出る。その金を使わない手はない。それが今後の「福島ビジネス」の基本だ、と考える。

悲しいことに、この発想は福島の中にもある。

4月22日、農水省は、1Fから20キロ圏の警戒区域に加えて、同日発表された計画的避難区域、緊急時避難準備区域でもイネの作付けを禁じた。当初、作付け禁止は、田圃の土1キログラムあたりセシウム濃度が5000ベクレルを超える水田としていたが、計測値に関係なく、30キロ圏と計画的避難区域のすべての作付けをやめろという指示になったわけだ。県はこの指示に抵抗することはなかった。「風評被害」防止を訴えていたはずの県が、なぜ一律作付け禁止をあっさり受け入れたのか、最初は理解できなかったが、すぐに裏が見えてきた。

今後の補償交渉を有利に進めるために、少しでも広く「汚染地域」を確定させておきたいのではないか、と。

この頃は、県内の自治体単位での商工会やＪＡ支部など、様々な組織内でも意見の対立が激化していた。

福島県内でも、浜通りと中通りでは意識が相当ずれていた。

中通りでは「20キロ圏内、30キロ圏内はこれから先何十年も戻れないんだから、復興なんて考えなくていい。どうしたら賠償してもらえるのか、補償金をしっかり取れるかだけを考えるべきだ」などと公然と言う人が出てきた。

県の上層部にも「最重要課題は補償金戦略」という考えが強くあるようで、そのために「足並みを揃えて一斉作付け禁止に協力してほしい」などと言ってくる。

これは想像で書いているわけではない。県職員や東電上層部も同席している会議などに出席していた人物からも証言を得ている。

川内村でも、県の要請を受け、早々と全村の農地への作付けを行うな、という指示を発した。「30キロ圏は一律作付けしない。足並みを揃えてほしい」と。

避難先の郡山市よりずっと線量が低い川内村中心部で、実際に作付け不能なほど農地が汚染されているのか？　誰もが疑問に思ったはずだが、農家はみな素直に指示に従った。指示に従わないと補償金がもらえないと恐れたようだ。

福島県が行った農地の汚染調査報告（２０１１年４月６・12日発表）から、水田の土壌汚染状況

（土の重さ1キロ当たりのセシウムによる放射能）の一部を抜き取ってみる。

川内村　1地点：1526ベクレル
郡山市　10地点：875～3752ベクレル（平均2424ベクレル）
福島市　1地点：2653ベクレル
伊達市　8地点：1635～4086ベクレル（平均2634ベクレル）
二本松市　10地点：897～4601ベクレル（平均2713ベクレル）
本宮市　8地点：1020～4984ベクレル（平均3227ベクレル）

国が示した安全基準は土1キロ当たりセシウム5000ベクレル以下だが、5000ベクレルを超えたのは、飯舘村の7ヵ所と浪江町南津島（2万8957ベクレルで計測地点中最高値。ここはテレビ番組で有名な「ダッシュ村」のあるところ）の合計8地点。その他の計測ポイントではすべて5000ベクレル以下だった。

これを見ても、川内村は、郡山市、福島市、伊達市、二本松市といった中通り地方の水田よりずっと汚染の程度が低いことがわかる。

川内村で作付けができないなら、もっと線量が高い福島市、郡山市、伊達市、二本松市、本宮市などの農地でも作付けはできないはずだが、これらのエリアは線量が高くても何の制限もない。

ちなみにこの調査で平均3227ベクレルだった本宮市の某地区（稲作農家120軒）では、地区内の土壌調査をしないまま作付けをした。そのうち3軒は「五百川」という早場米（収穫時期の早い品種）をやっている農家だったが、8月25日に収穫され、その米を福島県が抜き取り調査したところ、2つは「検出せず」、1つがセシウム12ベクレル／キログラムという結果だった。国の基準値は500ベクレル以下だし、玄米での12ベクレルは白米にしてしまえばほぼゼロだから、事実上食べるのになんの問題もない（TBS『震災報道スペシャル　原発攻防180日の真実』9月11日放送）。

この結果を見ても、本宮市よりずっと汚染の低いことがわかっている川内村で作付けをするなという指示は実態に合っていない。しかし、地元行政としても、国や東電との農業被害補償交渉を進める場合に少しでも有利になるよう、中途半端に作付けして損をすることだけは避けたいという思いが強かったのだと思う。

それを裏付ける証言は多数得ているし、なによりも作付け禁止に素直に従っている人たちがそう考えている。

本当の意味での郷土愛がないのだ。

福島の果物はおいしいですよ、黒潮と親潮がぶつかる太平洋で獲れた新鮮な魚が自慢ですよ、などと表向きのPRをするだけなら誰にでもできる。本当にそう思っているなら、そうした福島の宝を守り抜くにはどうするべきか、必死で考え、戦略を練り、危険を及ぼしそうなものとは命がけで闘わなければならない。

自治体の闘いというのは本来そういうものだ。農業に従事する者はみなそれがわかっているはずだし、実際、福島県内でも多くの農家が信念を持って闘ってきた。

しかし、守り抜かなければならないものが何かがわかっていない者たちには道が見えない。

まずは補助金ありき、助成金ありき、その延長として今回は補償金の上乗せありきで動く。そうしたぶら下がり体質を、県が元から叩き直さない限り、福島の再生などあるはずがない。

原発を率先して誘致したのは県だった

どうすれば国から少しでも多くの金をもらえるのかという発想で動く——残念ながら、これは原発を誘致したときからずっと変わっていない福島県の体質なのだ。

もともと福島県浜通りへの原発誘致は、浜通りの自治体より県が率先して主導したという歴史がある。

中嶋久人氏（館林市史編纂専門委員会専門委員）は、ブログ「東京の『現在』から『歴史』＝『過去』を読み解く——Past and Present」で、福島原発を歴史的に読み解く試みをしている。中でも興味深いのは、『福島第一原子力発電所1号機運転開始30周年記念文集』（２００2年3月、樅の木会・東電原子力会編）という文書の紹介だ。

これは、福島第一原発建設当時のことを、用地買収などに動いていた東電社員が回想録としてまとめたもの。中でも、１９６０年代初めの大熊町の様子を描写した場面が興味深い。そのまま引用してみる。

「大野駅前通りの商店街はみすぼらしい古い家が散見され、人通りも少く閑としていた。人々の生活は質素で人を招いてご馳走するといえば刺身がいちばんのもてなしであり、肉屋には牛肉がなく入手したければ平市か原町市へ行かねばならなかった。この地方は雨が少いので溜池が多く耕地面積が少いので若い人は都会へ出て行き、給料取りは、役場、農協、郵便局のみで、福島県では檜枝岐《ひのえまた》地方と対比してこの地域を海のチベットと称していた。しかし、人々は大熊町まで相馬藩に属しており、隣接町村が天領であるのに比べて『我々は違う』という気位の高さを誇っていた」

これを書いた東電の社員S氏は、1963年暮れにも、福島県の開発部職員をひとり同行させて大熊町を訪れて現地測量を行ったが、その際、宿舎に、突然大熊町町長が四斗樽をもって現れ、「陣中見舞に酒を持ってきました。私は東電原子力発電所に町の発展を祈念して生命をかけて誘致している。本当に東電は発電所を造ってくれるのですか」と問い、「私の車を使ってください」と、新車のデボネア（三菱の最上級車種）を翌日回してきたという話も紹介されている。

翌日から「県の担当者」を仲介役にS氏は大熊町だけでなく、双葉町とも掛け合う。

「県の人はできるだけ地元両町が熱心に誘致していることを我々東電側に印象づけようと心配りに努めていた」と、東電社員のS氏ははっきり書いている。

この時点ですでに「県の担当者」が先導役として動いていたのだ。

……と、簡単に用地買収から工事開始まで進んだ第一原発に対して、第二原発はそう簡単ではなかったという。

中嶋氏のブログには次のように書かれている。

「福島第二原発については、用地交渉が難航した。

山川充夫（現福島大学教授）の『原発立地推進と地域政策の展開（二）』によると、楢葉町波倉地区では用地交渉が進んだが、富岡町毛萱地区では絶対反対の決議が出され、町議会や県に反対陳情が出された。

しかし、県知事を先頭に、強固な締め付けと特別配慮金1億円の積み上げによって、反対派の切り崩しがはかられ、1970年9月までに用地交渉はおおむね完了したと山川は指摘している。（略）

この時期、東北電力も、福島第一原発の北側にある浪江・小高地区に原発を建設することを表明した。しかし、1968年1月には、原発設置予定地の浪江町棚塩地区を中心として『浪江町原発誘致反対同盟』が結成された。また、1971年4月には小高町（現南相馬市）浦尻地区に『原発対策委員会』が結成され、さらに同時期に小高町福浦農協総会で原発誘致反対決議が出された。そして、東北電力の原発計画は、結果的には中止された」

浜通りでも、原発誘致に身体を張って抵抗した地区、人々がいたのだ。

しかし、県や町が誘致に必死になっていたのだからどうにもならない。

福島県は、県民が自分たちの頭と努力で生み出す経済活動よりも、巨大企業や国から落ちてくる金をどれだけ受け取れるかという受け身の戦略で長いこと行政をやってきた。

その歴史があるため、1Fから大量の放射性物質が漏出し、福島県全体が存亡の危機を迎えているこの期に及んでも、「どうしたらより多くの金をもらえるか」という発想が切り替わらないのだ。

奇しくもこの頃、菅直人首相（当時）が、「福島第1原発から半径30キロ圏内などの地域について『そこには当面住めないだろう。10年住めないのか、20年住めないのか、ということになってくる』との認識を示した」というニュースが流れた。

松本健一内閣官房参与が漏らしたものだが、この松本という人物は「福島県の内陸部に5万～10万人規模の環境に配慮したエコタウンを作る」などと言って首相を乗せていた人物だ。

この発言を巡って松本参与はクビになったが、菅首相はまったく学習せず、その後も、ソフトバンクの孫正義社長の「メガソーラー計画」などというものに乗せられていく。

この話は後に詳述するが、仕事で上京するたびに、こうした発想が「東京の発想」だと思い知らされる。

東京に行くと、普通の人たちが平気で「こうなったら福島第一原発30キロ圏内は人が住めない地域に指定して、日本中の原発をあそこに集中して建てたらいい。廃棄物最終処分場にもすれば問題が一気に片づく」などと言う。

「どうですか？ 福島の人としては。補償はしっかりするという上での話ですよ」なんて真顔で言われてしまう始末。

東京の発想、東京の視線としてこういうものがあるということを知らされるのは、辛いことだが認識しておかなければならない。

それよりもなによりもやりきれないのは、この発想が、「福島県の発想」とそう離れていないらしいということが次第にはっきりしてきたことだった。

「作付け禁止や警戒区域指定など、国や県の決めたことには足並みを揃えて従ってください。補償の問題もあるので、そのへんを十分お含みの上で、なんとしてでもご協力ください……」

いろいろな会合で、県の職員がそう口にしていたという。

メディアは、復興への努力を美談として演出し伝えようとするが、実際には必死で復興の努力をしている人たちがいる一方で、地域のリーダー格の人物にも「復興は無理なんだから、補償金交渉に専念したほうがいい」と考え、行動している人たちが少なくない。

原発で直接潤っていた浜通りの町（大熊、双葉、富岡、楢葉）と、原発雇用や交付金の恩恵にあずかっていた近隣の町や村（泊江町、広野町、川内村、田村市の旧都路村エリア、南相馬市の一部、いわき市の小川町周辺など）、さらにはほとんど原発に頼らずに自力の産業を育ててきた村（飯舘村や葛尾村）における行政、住民の意識のズレは、福島県民でもわかる人は少ないだろう。こればかりは、原発に近い場所に長く住んでいないとわからないと思う。

プルサーマルを巡って葬り去られた知事、暗躍した経産副大臣

福島県が原発マネー漬けになっていた例をあげればきりがないが、プルサーマル認可を巡るドラマは非常にわかりやすいので、簡単に紹介しておきたい。

1Fの3号機ではプルトニウムを混ぜた燃料を使う「プルサーマル」が行われていて、今回の

事故の影響評価を困難にさせているが、これを積極的に進めたのは富岡、楢葉、大熊、双葉の4町と福島県、そして福島県選出の経産省副大臣だった。

1Fでのプルサーマル計画は、佐藤栄佐久前福島県知事時代に福島県エネルギー政策検討会が国の原子力政策を批判。東電不正事件後には白紙撤回させ、その後ずっと協議が止まっていた。

佐藤栄佐久前知事は国に白紙撤回を突きつけた後の2006年10月、弟の経営する会社がゼネコンに売った土地の価格が不当に高いのは賄賂に相当するということで、東京地検特捜部に起訴され、知事職を追われた。この件はすでに数多くの書籍や記事で詳細に解説されており、佐藤栄佐久前知事自身による著書『知事抹殺　つくられた福島県汚職事件』（平凡社）もあるので本書では解説しない。

ともかく、1Fでのプルサーマル計画は止まっていたのだが、2009年からにわかに推進すべしという動きが出てきた。

2009年1月28日、富岡町町長・遠藤勝也、双葉町町長・井戸川克隆、楢葉町町長・草野孝、大熊町町長・渡辺利綱の4町長が作った「福島県原発所在町協議会」が富岡町で臨時総会を開いて、協議凍結からプルサーマル推進に方針転換を図るよう、福島県議会並びに県に対して要望書を提出した。

この2週間前には、いわき市市議会議員佐藤かずよし氏らが富岡町役場に県原発所在町協議会の会長である遠藤勝也富岡町町長を訪ね、「福島原発でのプルサーマル受け入れの中止を求める要望書」を提出している。町長はこのとき、「はじめに交付金ありきではない。安全を最優先に取り組む」と応えているが、2週間後には逆のことを県に要望しているのだ（佐藤かずよし氏ブログ「風のたより」など参照）。

ちなみにこの直後の3月には、楢葉町の草野町長が原発から出る高レベル放射性廃棄物の最終処分場誘致を打ち出して物議を醸している（『朝日新聞』「だから原発ごみ最終処分場を誘致したい　福島・楢葉町長」２００９年3月15日）。

翌２０１０年2月16日、福島県議会本会議で、佐藤雄平知事は「耐震安全性」「高経年化（老朽化）対策」「長期保管ＭＯＸ燃料の健全性の確認」という3つを条件に、プルサーマルを容認すると表明した。

この3条件のうち、例えば耐震安全性については、改訂された耐震設計審査指針に基づく再評価（バックチェック）について、国は5号機の評価しか行っておらず、3号機については東電からの最終報告が出てから審議することにしていた。他の2条件についても、普通にやれば最短でも1年以上かかる。どう考えても２０１０年9月にプルサーマルが開始されるなどということはありえなかった。

ところが、福島県選出の増子輝彦経産副大臣がハッパをかけ、3条件に対応する3つの審議会（耐震設計構造ワーキンググループ、高経年化対策ワーキンググループ、長期保管ＭＯＸ燃料の健全性についての意見聴取会）を、福島プルサーマルのための特例として期限付きで進めさせた（参考「福島第一原発3号機でプルサーマルが許されない5つの理由」２０１０年8月1日、福島老朽原発を考える会）。

前知事が身体を張って止めたプルサーマル計画を、地元の4町長は推進しろとわざわざ県に要望書を出し、それを受けた県知事は容認を表明し、福島県選出の経産省副大臣は安全評価作業に期限をつけて急がせたのだ。

少なくともこれがなければ、あの派手な爆発を起こした３号機の燃料はプルサーマルにはなっていなかった。

遠藤勝也富岡町町長は無投票で４選している。

１Ｆでは双葉町敷地内に７号機、８号機の増設計画があった。２００５年の双葉町町長選挙に立候補した２人、２００９年の町長選に立候補した３人、全員が増設推進を表明しており、反対する候補者はひとりも立たなかった。

原発誘致に奔走した首長や、安全確保をなおざりにしてきた代議士たちから、国民に対して詫びる言葉はいまだに聞いていない。

福島を愛する者同士の間で起きている根深い憎悪劇

原発ぶら下がり体質を当然と思いこんでいるのは原発立地の首長や県選出議員など政治家ばかりではない。住民たちの中にも、相当、一般県民とはずれた意識を持っている人たちがいる。

僕のもとには、避難所にボランティアで入っていた人たちからいろいろな話が伝わってくる。

埼玉県にある廃校となった高校校舎は、浜通りの某原発立地町の住民の避難所となったが、そこにボランティアで入っていた人は、避難住民が、

「自分たちの生活は、一生、国と東電が面倒みてくれる」

「原発敷地内の草取りは時給2000円だった。今さら時給800円でなんて働けるか」

といった会話をしているのを聞いてショックを受けたという。

無論、こんなことを言う人たちは例外で、ほとんどの避難者が大変な苦労をしていることは重々わかっている。しかし、自分の時間と金を犠牲にしてボランティアをしている人たちに、こうした無神経な発言がどのように受け取られるか、衝撃を与えるか、理解していないからこそ、こうした言葉が出てくる。その意識のズレに気づいていないことが、まさに「原発依存体質」の証明といえる。


いわき市の外れ、30キロ圏内でありながら「緊急時避難準備区域」から外されたエリアに暮らしていた女性はこんな風に言っている。


自分の中で現状分析が「意外と大したことはない」「もう壊滅的だ」の両極に振れてどちらかに収まりがつかない。はっきり言えることは、放射能による直接的な健康被害より、それを取り囲む、あるいはそこから波及する様々な事柄が「もう壊滅的」だということ。

でも、この壊滅状態は、実は（福島県が原発を積極誘致したときから）皮膚の下でかなり進行していた壊疽のようなものだと思う。それが満を持して皮膚を突き破り、膿が流れ出した。つまり、見えなかったことが、可視化されただけ。

太平洋戦争後の復興に喩える人もいるが、いまの「福島復興政策」は、一見、民主的であり経済や環境を視野に入れた「善処」という形にしているところが、戦後復興のときの掛け声より悪質。

福島でも、貧しくとも原発誘致に反対した地区もあったし、壮絶な反対運動を繰り広げた人たちもいた。でも、結果として、福島県は積極的に原発を受け入れたし、浜通りの人たちは原発マネーのおこぼれにあずかる生き方を選んだ。

その膿が出たいま、この問題を掘り下げないままで福島の復興だの、これからどうしたらいいのかなんて議論はありえない。

でも、結局、人は易きに流れる。喉元過ぎれば次はリバウンドという、もっとたちの悪い状況になるかもしれない。

そう考えていくと、福島の復旧復興は、正直ムリではないか。いま放射能が拡散されているというそのことではなく、もっと違うところで。

もし、福島が蘇るとすれば、それは日本全体が、被災地意識を持つこと、みんなが同じ方向を向くことから始まるはず。

彼女の夫は僕と同い年で、いわき市の外れにある限界集落エリアで自給自足の自然農業を試しながら、砂糖や添加物不使用のオーガニック食品を自家製造し、全国に販売するというビジネスを成功させた。しかし、今回のことで福島を去ることを余儀なくされた。いまも移転先を探している。

一時は会津地方など、福島県内でもほとんど放射能汚染がなかったエリアに新天地を探していたが、いわきナンバーの車で物件探しをしているだけで不愉快そうな目を向けられ、他の場所では嫌がらせも受けたという。

会津の人たちは「避難民受け入れに疲れ果てていた」という。

もとより彼らは、自分たちは「原発を誘致した福島」とは違う、自主独立の「会津人」として生きてきたという自負がある。それなのに、事故後は、関東よりも汚染されていないのに、同じ「福島」のレッテルを貼られ、とんでもない偏見被害を受けている。日本を汚す原因を受け入れ、ありがたがっていた連中が、行き場をなくしたからといって、のこのこ会津にやってくるなんてとんでもない話だ、ということだろう。

福島の「裏事情」を長年見てきた彼女には、会津をはじめ、福島の他の地域の人たちの怒りはよくわかる。

しかし、福島を愛し、福島に自立した文化を育てたいと奮闘してきた人間が、福島の人間から石もて追われることになるとは、なんと悲しいことだろう。

誠実な仕事を、限界集落で確立したことが全部ひっくり返っちゃった。建物や田畑が惜しい、というレベルではないんです。今日もツイッターで「福島の人が焼いているパンは怖い」というフレーズを見ました。人生における27年間をかけてやってきたことがすべて、ものの見事にすべて、意識も、ポリシーも、努力も、土地も、建物も……。誰からも経済的支援を受けず、どこの真似もせずにやってきたことがすべてひっくり返っちゃった。やり直しすら困難な状態というだけでなく、避難したことへの保障もなくなり、食べていくことすらどうにもならない状態なんですよ。実は（笑）。

彼女の言葉に、どう声をかけていいのか、僕にはわからない。

本当に土や水を大切にしていた人たちほど、これから先も本物の仕事を続けるために福島から出て行くという苦渋の決断をしている。

そのことは、県外県内問わず、多くの人に知ってほしいと思う。

第4章　「奇跡の村」川内村の人間模様

川内村にとっての脅威は線量ではない

僕が大きな災害に遭遇したのは、2004年の中越地震で家を失ったのに次いで、これが二度目である。

人生、何が起きるかわからない。でも、命さえあればめっけもの。

自分で電気鋸や玄翁《げんのう》を持って手を入れ、十数年かけてようやく作り上げた終の棲家を中越地震で失ったとき、そう思った。

場所は新潟県の川口町（現在は長岡市に併合）田麦山《たむぎやま》小高《こたか》という集落。そこを震度7が直撃した。我が家は震源地のほぼ真上だった。

23戸の小高集落は、震災後、真っ先に集団移転を決めた集落として一時期ニュースに取り上げられた。

大きな喪失感を抱いたまま年を越すのは嫌だと、妻がネットで見つけた福島県川内村の物件を見に行き、無理をして購入。怒濤のように引っ越しを決行して、新居で新年を迎えた。

唐松林と雑木林に挟まれた土地に、味も素っ気もない小さな規格住宅が建っている。元の持ち主は東北電力の社員だったが、癌で亡くなり、売りに出された。

建物はしょぼかったが、敷地の端を流れる沢が最大の魅力だった。

案内してくれた不動産屋さんがニコニコしながらこう言っていたのを思い出す。

「川内村は福島県人でも知らない人が多いような山村ですけど、桃源郷のような村ですよ。高圧鉄塔が目障りなのと、まあ、原発が近いと言えば近いですけど、私は原発気にならないたちなんで……」

僕らとしては、原発は大いに気になるけれど、今までの川口町も東電の柏崎刈羽原発からそう遠くない場所にあったし、万一チェルノブイリ級の事故が起きたら、日本列島は丸ごと放射能汚染に巻き込まれるだろうから、どこにいても同じこと。ま、気にしないことにしよう、と思ってその家を購入した。

ふうう……。

あれから7年。

当初は川崎市の仕事場（6軒続きの木造長屋の一軒）との二地域居住だったが、2008年2月に村にブロードバンド（NTTのBフレッツ）が引かれてからは仕事にも支障がなくなったため、完全に川内村で暮らすようになった。

数百万円かけて音楽制作のための仕事場を増築し、百数十万円かけて深井戸を掘り（それまでは沢水を飲んでいた）、カエルの産卵用に小さな池をいくつも造り、毎日隣家の犬を連れて散歩して……すっかり山村暮らしが染みついていたところでの3・11だった。

中越地震での体験から、家を喪失し、移転を余儀なくされることに対しては、常に心構えをしていたつもりだ。

つい最近では、我が家の裏手にある大津辺山と黒佛木山の尾根に2500キロワット級のウィンドタービン（風力発電施設）を26基建設するという計画を知り、阻止できなければ引っ越すしかないと覚悟を決めた経験もした。

その計画は、村長の反対表明もあり、中断したままになっていたが、今回の原発震災をきっかけに、再燃する可能性もあるだろう。

自然豊かな場所で暮らすのは容易ではない。不便だとかではなく、外からの経済圧力によって自然がどんどん壊されていくのを目の当たりにするのが辛いのだ。

田舎は、自然災害には強いが、権力と金に弱い。

しかし、それだけ苦労してでも住み続けたいと思えるだけの魅力がこの地にはある。

だから、今回のことでも、簡単には引っ越ししようとは思えないのだ。

村内の先輩住民で友人でもあるまもるさんは「放射能で住みたくないけど他にいい所もないのでしょうがなく住んでいる阿武隈人」を自称しているが、僕もまったく同じ心境である。

ここで引き合いに出すのは気が引けるのだが、例えば川内村が飯舘村くらいに汚染されてしまっていたら、僕も踏ん切りをつけて引っ越しするだろう。しかし、川内村の線量は、飯舘村どころか、福島市や郡山市よりも低い。線量のことだけを考えたら、福島県内どころか、栃木、茨城、千葉、群馬あたりでも、ここより確実に汚染されていない場所を探すのは大変だ。

群馬大学の早川由紀夫教授が作成した広域の汚染マップというものがある（図4－1）。

うちから東京に出る場合、いちばん早いのは磐越東線の神俣駅から郡山に出て、そこから新幹線に乗り換えるルートだが、実際にこのルートで移動すると、郡山駅に近づくにつれて線量計の数値は上がる。

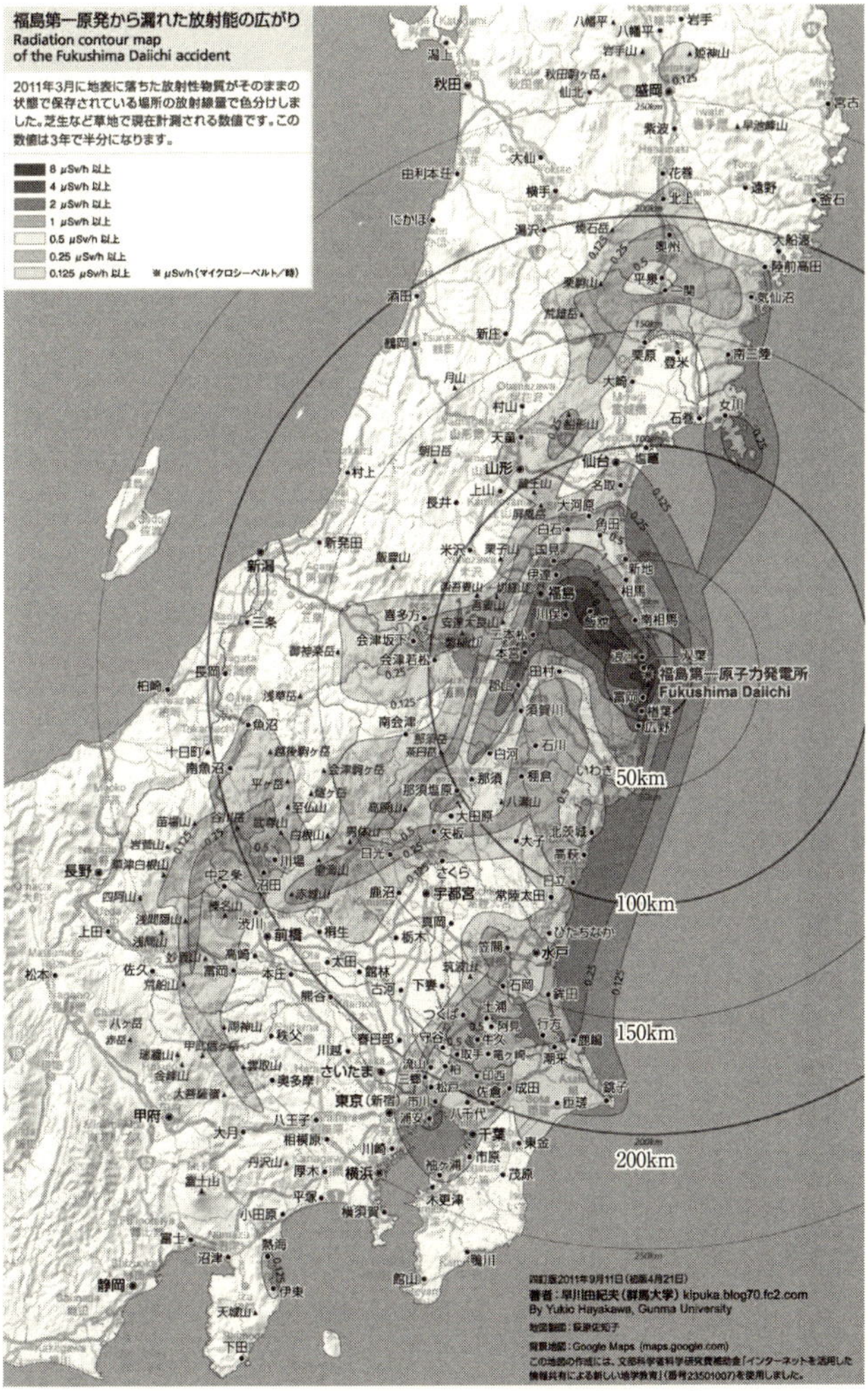

図4-1　群馬大学早川由紀夫教授が作成した広域汚染マップ（「早川由紀夫の火山ブログ」より）

新幹線は高架線を走る区間が多いため、車内では概ね線量が低いが、白河から那須あたりでやや高めになる。この汚染マップ通りに線量計が反応するのを確かめるのは、とても辛い。

この先、3月15日や3月21日のときのような大汚染が発生すればどうなるかわからないが、現状で推移していくのであれば、いまも漏れている放射性物質の飛散によって多少の変化はあっても、概ねこの汚染マップに見られる傾向は長期間このままだろう。

線量計を手に入れた人たちが増えてくると、「公式発表」を鵜呑みにせず、自分たちの手で線量マップを作ろうという動きはあちこちで起きた。

川内村でも、ニシマキさんやマサイさんら、村の有志が各地で計測して独自の線量マップを作った。その結果は、文科省とDOE合同発表の汚染マップ（P112図2－9）の正確さを裏付けるものだった。

川内村は1Fまでの距離があまりないにもかかわらず、汚染が軽度で済んだ〝奇跡の村〟だった。しかし、線量よりはるかにやっかいな脅威が迫ってきていた。

農家の意地をかけた孤独な闘い

福島で暮らす我々にとって、目の前の放射能汚染をどうとらえるか、低線量被曝とどうつき合っていくかは、それぞれの考え方次第になってくる。年間1ミリシーベルトを少しでも超えるのは耐えられないという人もいるし、お上が100ミリシーベルトまでは大丈夫だと言っているのだから気にしないという人もいる。

農業をやっている人たちが、土の汚染をどうとらえるかも難しい。

今後、長い間、土壌や農作物からセシウムは必ず検出される。ゼロにはならない。であれば、どの程度までは許容できるのか。

検出限界ぎりぎりの微量のセシウムよりも、農薬などの化学物質汚染のほうが健康に悪いと考えることはそう間違っていないだろう。

微量のセシウムが検出されたからといって作物を捨てるのは罪だ、と考える人もいる。おいしく食べられるなら、少なくとも自分はそれでいい。人に押しつけたり、同情で買ってもらいたくはないので、買う人が選択できるようにしておけばいいではないか。食べたい人が納得の上で食べる権利、作りたい人が作る権利まで奪わないでくれ、という主張も当然出てきていい。

汚染が軽度で済んだ川内村では、そうした議論を活発化させ、農に生きる人たちの再生の場としていくという「復興策」を打ち出してもよかったはずだ。壊滅的とも言える汚染を被った地域で今までしっかりした戦略を持って農業をしてきた人たち、経験を積んだプロ農家の人たちに声をかけて積極的に呼び入れ、耕作放棄されそうな農地に人の息吹を注ぎ込む。村の行政がそれを全力で支援するという戦略を展開することだってできたのではないか。

しかし、実際には逆の方向に向かってしまった。

川内村の田畑は、夏になると腰の高さまで草が生え、風景が一変した。

カエルたちの産卵、棲息場所を守るためにも、セシウムを減らすためにも、田圃に水だけでも入れてみませんかと僕は訴えたが、結局、誰も行動しなかった。

村が強く統制をかけたからだ。

作付けはしてくれるな。単独で勝手なことはしないでくれ。

水を入れるだけでも「勝手なこと」になると恐れ、農家の人たちはじっと動かないままだった。

実際には汚染は大したことないかもしれない。多分、きちんと検査すれば基準値以下になるだろう。でも、だからといって売れるわけではない。出荷しても買いたたかれるし、売れないのであれば、最初から何もしないで補償金を少しでも余計にもらったほうがいい。……農家の人たちの思考がそういう方向に向かってしまうのだ。

もともと、他の人たちと違うことをして「目立ってしまう」ことを極端に恐れる人が集まった地域では、最終的には行政の指示に素直に従うことになる。

では、福島県内の作付け禁止にならなかった田圃で今年の秋、収穫された米はどうなるのか。規制はされなかったが、土壌のセシウム濃度が高い田圃で収穫された米の一部は、他の地域で収穫された米と混ぜて「福島県産」として出荷されるだろう。

我々福島の人間は福島県内の土地勘があると同時に、どの地域が線量が高いかを知っている。スーパーで野菜や卵、牛乳を買う場合、会津産や石川郡産であれば安心するし、伊達市とか福島市と書いてあれば少し不安になる。「福島産」という大雑把な表示はやめてほしいと思う。

こう書くと、たちまち「踏み絵」のような反応が返ってくる。

「おまえは福島産の食料を貶めるようなことを言うのか」とか、「福島でとれた食い物を食えないやつはさっさとどこかへ去れ」とか。

不思議と、そうした反応を示す人は県外の人が多い。

福島の人間をいわれなく差別する人の対極に位置するかのように、ただただ頑張ろう、応援するぞとぶち上げる。

福島の人間は、自分たちが置かれた状況をよくわかっている。放射能汚染の実態を知っている。だからもはや、単純に「福島産のものを食べよう」などと声高に叫ぶ気はない。

もっと深いところで絶望し、ため息をつき、それでもなんとか希望を見つけたいと解決策を探っているのだ。

まともな検証も根拠もないままの「頑張れ福島」は、はっきり言って、静かに無視される、避けられることよりもずっと疲れる。

そんな中、数年前には天皇家への献上米も出した、村有数のプロ農家であるよしたかさんだけは、県や村からの圧力に屈せず、田圃2枚だけ水を入れた（図4－2）。

1枚は水だけ入れ、もう1枚には苗を植えた。

県や村からは、連日のように「やめてください」と言われた。

それでもよしたかさんはひとりでトラクターを出し、田圃を耕し、苗を植えた。

よしたかさんが田圃を耕す前、実際に土壌の汚染状況を調べるために、僕は友人と一緒によしたかさんを訪ねた。

図4-2　川内村で唯一作付けされたよしたかさんの田圃（上）と水を入れず、メマツヨイグサが繁る村の田圃（下）

よしたかさんは「それは助かる」と、土壌調査を快諾してくれた。

よしたかさんの田圃は、村内でも最も汚染が低いエリアにある。そこで収穫した米に含まれるセシウムはごく微量で基準値以下になるだろうと確信していたが、やってみなければわからない。

よしたかさんもこう言った。

「この米を出荷するつもりなんてさらさらない。でも、実際に作ってみなければどれだけ米が汚染されるのかもわからない。今年作らなかったら、来年またゼロから実験してみなければならない」

当然の話だ。

まったく作付けせず、データを得なかったら、安全宣言も危険だという判断もできない。どの程度に汚染された土地で作られた作物がどの程度の放射性物質を含むのか。これは日本にとって重要なデータなのだから、行政が金を出して農家に委託してやらせるべきことだ。それを自腹で、つまり、出荷しないことを承知の上でやろうとしている農家に、行政が「やめてください」と言う理由がまったくわからない。

よしたかさんのところにはいくつものテレビ局や新聞社が取材に訪れた。僕も同行したことがあるが、記事や放送で使われることがなかった彼のコメントをひとつ紹介したい。

「表土を5センチ10センチ剝ぎ取って除染するとか言うが、農家にとって田圃や畑の土は表面の5センチがいちばん『おいしい』部分で、この部分の土を作り上げるのに何十年もかかっているんだ。それを剝ぎ取れとか言われても、はいそうですかと簡単に納得できるものではない」

この言葉を聞いたとき、僕はハッとした。

土は生きている。土に命を与えている様々な養分や土壌バクテリアは表土に溜まっている。そのことは、越後に住んでいたときに「土壌浄化システム」を作って水洗トイレを実現したり、カエルの産卵用の池造りで、池の水質が底土と密接に関係していることを学んだ僕も知っている。それなのに、放射能騒ぎの渦中で、つい忘れかけていた。

学者や政治家には「汚染物」としか見えていない表土は、セシウムを吸い込みながらも生き続けている。土も、我々と一緒に被曝に耐えて生きている。その土に人間は生かされてきたのだ。

よしたかさんが作付けした米は「復活の米」として、多くの新聞・テレビが伝えた。しかし「復活の米」は幻だった。10月3日、米は「例年よりよい出来」で収穫されたが、すぐに行政が入り、全部その場で破棄させた。一部は「しかるべき機関で検査する」と持ち去られたが、よしたかさんの「自分でも民間機関に送って調べたい」という願いは叶えられなかった。

全量廃棄。生産者の手にさえ一粒も残さないという処置は、8月10日に出された農水省の「食糧法省令の改正」（出荷制限の対象となった区域で生産された米の隔離・処分を確実に行う）に従ったものと説明された。廃棄を命じた村の職員も家では米作りをしている。辛かっただろう。

農家にとって「作物の品質には自分で責任を持つ」ということは、根本的なことであり、人生そのものだ。その農家の魂さえも奪い、福島の人間にどう頑張れと言うのだろうか。

獏原人村と「大塚愛伝説」

川内村の魅力は、豊かな自然だけではない。面白い人たちが住んでいるというのも、僕にとっては魅力のひとつだ。

その魅力を少しでも伝えたいので、ここで何人かの友人たちのことを紹介したい。

まずは獏原人村のマサイさん・ボケさん夫妻。

獏原人村は川内村の外れ、国道３９９号から荒れ果てた狭い林道を４キロほど入ったところにある。

ここはいまでも電気がきていない。

1970年代、いわゆるヒッピームーブメント全盛期に、あるヒッピー集団がこの地に勝手に住み着いた。

あまりに辺鄙《へんぴ》な地なので、地主も長い間気がつかなかったらしい。

ある日、山奥に勝手にヒッピーたちが村を作っていることに気づいた村民のひとりが、地主にそのことを告げた。驚いた地主はさっそく確認しに行くのだが、なにせ道もまともにない山の中なので、たどり着くのに半日かかる。

ようやく着いたら、本当に何人かの半裸の連中が勝手に生活をしているではないか。

村長的存在だったマサイさんに、地主はこう言った。

「おまえらなんだ。ここは俺の土地だぞ。とりあえず、荷物が重くて山登りが辛いから麓に置いてきた。誰かに取って来させろ」

マサイさんはそのときの地主の物言いが頭に来たと言っていたが、まあ、勝手に人の土地に住み着いていたんだからしようがないかと思い直して、仲間に地主の荷物を取りに行くように言った。

それからいろいろあったらしいが、結局はマサイさんが地主から土地を買い取ることで話がついた。

そのへん一帯は昔から「バク」と呼ばれていた土地なので、ヒッピーたちのコミューンはいつしか「獏原人村」と呼ばれるようになった。

マサイさんたちは、当初は本気で「原人」生活を目指していたようで、裸でいたが、冬が来てあまりの寒さに耐えられず「原人だって毛皮を着たりしていたんだから、服は着てもいいことにしよう」となった。

俗世間とは縁を切った生活のはずだったが、ある日マサイさんは虫歯を悪化させ、痛みに耐えられずに町へ出て歯医者にかかった。町に下りるのも大変なら、帰るのも大変。歯医者に通うだけで1日終わるのではたまらん。そこで、「車も必要最小限なら使ってもいいことにしよう」と決めた。

やがて子供たちが大きくなり、中学校に上がるときには、坊主頭強制反対で学校や他の村民と揉めたりもした。でも、小学校が廃校になると聞きつけると真っ先に駆けつけて廃材をもらってきて、自分たちの家の資材にするという融通は持ち合わせている。

そんな風にゆる〜い「原人生活」を営々と続けてきた。

原人村の村民はひとり抜け、2人抜けして、子供たちもみな成人して独立し、最後はマサイさん夫婦だけになった。

この獏原人村に、2000年、ひとりの若い女性が自転車に乗ってやってくる。

名前は愛。

出身は岡山県で、父親は医師。

この愛ちゃん、原人村を一目で気に入り、マサイさんに「小屋を建ててここに住んでもいいですか?」と願い出た。

マサイさん夫婦も、当初、本気にはしていなかった。すぐにいなくなると思っていたが、中途半端に土地を汚されても困るので、「小屋を建てるなら土に還らない素材は使うな。その条件を守るならただで住んでいい」と答えた。

もともと茅葺き屋根と土壁の家に憧れていた愛ちゃんは、言われるまでもなくそうするつもりだった。地面に穴を4つ掘り、柱を立てて、3畳大の掘っ立て小屋を1ヵ月半かけて作った。

電気がないのだから、当然、夜はまっ暗である。テレビはもちろんのこと、ラジオの電波もほとんど届かない。ケータイの電波も届かない。

いちばん近い「電気のある人家」は、雨が降ると裂け目が無数にできるという通称「獏林道」を数キロ下っていったところにある「獏工房」という木工作家まもるさんの家。そこまで下りていくと、ようやく電話と電気が使える。正確には、「非常時には借りられる」という意味である。ちなみにまもるさんも、一時期獏原人村の住民だった。

当初は誰もがすぐにいなくなるだろうと思っていたのだが、愛ちゃんは本当に原人村の一角に建てた掘っ立て小屋に住み着いてしまった。

しつこいようだが、電気も電話もない。もちろん水道もない。

掘っ立て小屋を作ってはみたものの、風呂もトイレもない。トイレは外に作ったが、風呂は無理。だから、冬以外は川で水浴びをしていた。

山の奥にまで入ってきた釣り人がそれを目撃したことがあった。

周りには人家などない。出るとしたらイノシシかタヌキくらいのもの。そんな超山奥の川で、うら若き乙女（言い方が古いな）がすっぽんぽんで水浴しているのである。

これは幻覚に違いない。あるいは化け物かもしれない。

釣り人は驚いて村に逃げ帰ったそうな。

これが知る人ぞ知る「愛ちゃん羽衣伝説」である。

なんだか行き当たりばったりのような印象も受けるが、実は愛ちゃんにはきちんとした人生設計があった。

子供好きで、かつては幼稚園の先生になるのが夢だった。そのために大学は教育学部を選んだ。

大学3年のとき、阪神淡路大震災が起きる。ボランティアとして神戸に入った愛ちゃんは、いろいろな人と生き様を見て、人生観がちょっと変わる。

岡山市の社会教育課の資金援助を得て、ネパールに渡り、現地の教育環境などを見て回った。

その後、インドにも脚を延ばした。

そこでの体験は強烈で、自然と一体になった暮らしをしたいと思うようになった。

日本にいる限り、そんな生活をすることは無理だと考えていたので、当初は本気でネパールに住むことを考えた。

そのための資金作りのため、日本に帰って自然食品のお店を手伝ったりしながらこつこつお金を貯める。

しかし、そうしていくうちに、気持ちは日本国内に向かうようになった。で、まずは足下の日本を知ろうと、お遍路さんとなって四国の霊場を回る旅に出た。

で、その旅の途中、今度は突然「大工になりたい」と思った。

それからは、「大工になる」ということと「自分の食べ物は自分で作りたい」という2大目標ができた。

大工見習いはすぐに道が開けなかったので、まずは自然農法を学ぶべく、福島県伊達郡川俣町の「やまなみ農場」を自転車で目指した。

そこで半年間、「自然農自給生活学校」に参加。その後、再び自転車に乗り、以前から噂に聞いていたこの獏原人村にやってきた。

……と、これが「愛ちゃん自転車伝説」である。

さて、獏の住民たちは、みんな自分で家を建ててきた。材料は解体現場などからもらってきた廃材。大工を目指す愛ちゃんにとっても、当然「家は自分で建てるもの」である。

幸運にも、村で評判の高い大工の棟梁・よりみちさんに弟子入りすることができた。

年季明けまでの4年間、愛ちゃんは愛犬ハル（雑種＝すぐ人を噛む）と一緒に、獏原人村と親方の家を行き来しながら大工修業をした。

中古の軽トラックを手に入れてからは「これで岡山の実家にも帰れる」と、軽トラで岡山まで里帰りした。

もちろん高速道路なんか使わない。野宿をしながら一般道を何日もかけて帰り、また川内村に戻ってくる。荷台に古畳を1枚敷き、寝るときはシートをテント風にかけてそこで寝た。

図4-3　2007年の猿原人村・大塚家　真ん中に見えている物置のようなものが愛ちゃんが最初に作った小屋。その奥の家は夫婦二人で建てた新居

……これが「愛ちゃん軽トラで岡山に里帰り伝説」である。

大工修業の年季が明け、晴れて一人前の大工になった後、電撃結婚をする。

相手は、とある建築関係の研修会で知り合った一級建築士・大塚しょうかん氏。横浜に事務所を構え、ペイルグリーンのアルファロメオに乗る「都会人」だ。

愛ちゃんは彼と結婚したので、名前が「大塚愛」になった。

「30過ぎには子供がほしい」という人生の計画通り、速攻で赤ん坊も生まれた。

で、普通の人はここで「そうか。愛ちゃんもついに山を下りて幸せな（電気や電話のある）家庭に入ったのか」と思うところだが、そうではなかった。

夫のしょうかん氏に「私は絶対に原人村を離れたくない」と泣いて訴え、説得に成功。

新しい家族と住むための、掘っ立て小屋ではない新居も造り始めた。

僕が二人に会ったのは、ちょうどその頃のことだった。

僕はしょうかん氏に設計を依頼して、6坪の小屋（ロフト寝室つき）「タヌパック阿武隈」を建てた。

大塚家にはその後女の子も生まれ、原人村で一家4人、3・11まで幸せに暮らしていた（図4－3）。

獏原人村は、アンダーカルチャー、パーマカルチャー（持続可能な文化体系デザイン）、インディーズミュージックなどの世界ではかなり有名で、時にはテレビメディアもこの地に取材に入ってくる。

マサイさんはだいぶ前、テレビ朝日系の『銭形金太郎スペシャル 大自然自給自足生活マル秘頂上戦』という番組に「原人ビンボーさん」として登場した。このときは原人村ファンたちを「マサイもバラエティ番組にニコニコ出てくるとは、ずいぶん人間が円くなったものだ」と感嘆させたものだ。

大塚家も、テレビ東京の『2009秋 自給自足物語』や、テレビ朝日の『ワイドスクランブル』などで紹介された。以前から愛ちゃんは川内村の有名人で、郵便物は「福島県川内村大工の愛ちゃん」という宛名で届いていたが、結婚して子供ができてからも、全国に「（大工の）大塚愛ファン」が少しずつ増えていた。

幼い子供2人を抱える大塚家は、いま、愛ちゃんの実家のある岡山県に避難している。

愛ちゃんは「私の心はいまも川内村にある」と、涙ながらに訴えるが、夫のしょうかんさんは、子供たちのことを考えると、もう川内村には戻れないだろうと言っている。

放射線量の問題だけでなく、現実問題として学校や保育所が再開されないままでは、川内村では子供のいる家族は生活できない。

他にも川内村には面白い人たちがたくさん住んでいる。

獏原人村に一時期住んでいたまもるさんは、静岡の商家の子息。親は、この子が将来代議士として選挙に出たとき、投票用紙に名前を簡単に書いてもらえるように「守」という単純な名前をつけた。しかし、そんな親の期待を見事に裏切り、早稲田大学在学中にインドを放浪し、すっかりヒッピー化。原人村で半裸で暮らすようになってしまった。

その後、一旦原人村を出て、神奈川の木工教習所に通い、技術を身につけ、川内村に戻って木工家具作家の道を歩んできた。獏林道の入り口に工房を構えているので、僕は彼を「関守《せきもり》」と呼んでいる。

UR（独立行政法人都市再生機構＝旧「住宅・都市整備公団」）を早期退職して数年がかりで川内村に土地を探し、骨太な木造家屋を建てて自然農を始めた小塚さんも面白い人だ。

彼はそのままURにいれば天下り先もあったし、金銭的には何不自由ない将来が約束されていたのだが、それを全部捨てて川内村に移り住んでしまった。同僚たちからは「あいつはついに気が触れた」と言われたそうだ。

日本で唯一のトライアルバイク専門誌「自然山通信」の行動派編集長のニシマキさんも、数年前から川内村に住み着いている。

何にでも興味を持ちどこにでも出かけていく人で、今回の原発震災後も、「こんな経験は滅多にできるものではない」と、どこか嬉々として動き回っている。

もうひとり、川内村ではないが、隣の田村市（旧滝根町）の山麓には、日本で最初の宇宙飛行士・秋山豊寛さんが住んでいた。うちからは車で15分くらいのところ。

彼を「元」宇宙飛行士と言うと怒られる。宇宙飛行士は歯科医師や一級建築士などと同じで生涯資格なのだから、今宇宙船に乗っているかどうかに関係なく「元」とつけるのは失礼だ、とのことだ。

彼はＴＢＳの退職金を全部注ぎ込み立派な家を建てた。風力発電施設建設問題にどう立ち向かうか、彼の家で差し向かいで話し合ったことがある。

滝根小白井ウインドファームは秋山さんの家からは３キロ弱、我が家からは３・５キロくらいのところ。

「気がつくのが遅かった。田村市市長はすでに建設予定地にあった水源涵養保安林解除を申請していて、国が許可してしまっていた」

と、悔しそうに言っていたのを思い出す。

秋山さんは「俺は椎茸農家だ」と言っていた。実際、椎茸栽培で年間１００万円ほどの売り上げがあった。

滝根は比較的線量が低いが、キノコは放射性物質を蓄積しやすいものの代表格だから、もはや今まで通りの生活は不可能だろう。本人も諦めているらしい。

僕と同じように3月12日に異変に気がついて避難して、いまは群馬県鬼石《おにし》町で、知人に借りた6アールの田圃で農業を続けているようだ（『毎日新聞』「ザ・特集『原発難民』となって」東京版朝刊、2011年7月28日）。

こういった人たちと、普段はゆる〜くつき合いながらのんびり暮らしていたが、村に残った人たちとは原発震災以降はおのずと連絡も密になり、いままでより直接会って情報交換することが多くなった。

しかし、村をいい方向に持って行くにはなにせ人材が足りない。

飯舘村や葛尾村など、汚染がひどかった村で農地を失った人たちなどにも呼びかけて、それこそパーマカルチャー的な再生を少しずつ進められるとよいのだが、見通しは暗い。

「一時帰宅ショー」の裏側で

川内村の名前が一気に全国に知られるようになったのは、5月10日に始まった「一時帰宅」のニュースからだ。

立ち入り禁止措置がとられた20キロ圏内に家を持つ人たちが、家に残した貴重品などを取りに戻るために集団でバスに乗り、「一時帰宅」を許されるというもの。

僕はこれをいまでも「一時帰宅ショー」と呼んでいる。

この第一陣が5月10日に川内村から始まった。悲劇を映し出した「いい絵」を撮ろうと、全国からテレビメディアが集結し、出発場所になった村の体育館周辺には各局の衛星中継車がズラリと並んだ。

4月末に一旦村に戻っていた僕はこの日、営業再開していた川内村郵便局に切手を買いに行った。

日本郵便とヤマト運輸（クロネコ）はほぼ同時期に復活してくれていたのだが、佐川や西濃など、他の運送会社はいつまでも復活する気配がない。もともと川内村は広いばかりで家がないので、運送会社にとっては平時であっても大赤字エリアだ。できることならこんな過疎地はサービス圏外にしたいところだが、クロネコがやっているので飛脚やカンガルーが行かないわけにはいかず、いやいややっていたところに原発震災。赤字エリアを切り捨てるいい口実になったのだろう。

クロネコはすごい。1通80円のメール便を玄関まで届けてくれる。配達員に訊いたら、震災後は海側の配送拠点が軒並み機能停止してしまったので、いまは広野町と川内村をひとりで回っているのだという。

これにはびっくりした。広野町と川内村の間には福島第二原発が建つ楢葉町があり、直接結ぶ道はひどい山道しかない。楢葉町は大半が20キロ圏内に入ってしまったので通過できない。もちろん、町中がすっぽり20キロ圏内に入り、海沿いの道路が壊滅したままの富岡町側から回ってくることもできない。普段でも広野町と川内村は片道1時間はかかる。それなのにこの気の遠くなるようなエリアをひとりで走り回っているというのだ。1通80円のメール便を届けるために。クロネコのメール便は安くて便利なのでよく使うのだが、あまりに気の毒なので、今後はなるべく郵便で出そうと思い、郵便局に切手を買いだめしに行ったというわけだ。

その途中、役場裏手にある体育館の周辺にものすごい人と車が集まっているのに嫌でも気がついた。

政府が勝手に決めた警戒区域の線引きや「一時帰宅」の屈辱的なショーにはうんざりしていたので、横目で見て通り過ぎたいところだが、不愉快なことであっても、頭に血が上ることがあっても、しっかり見ておかなければ、という物書き根性から、カメラをぶら下げて車を降り、様子を見てみた。

とにかくものすごい車の数。

役場の周囲の駐車場、体育館の駐車場、隣接した「かわうちの湯」の駐車場がすべて満杯で（もちろん普段はそんなことありえない）、溢れた車が路駐していた。

「一時帰宅」の受付、出発、帰着は、村の裏手にある体育館で行われていた。

正式名称は体育館ではなく「村民体育センター」。ちなみに、村には一時期4つの小学校（廃校にした3つと新しく作ったひとつ）、中学校、高校、そしてこの学校施設ではない体育館の合計7つの体育館があった。このうち、旧第一小学校はつぶしてしまって、立派な体育館も解体されてしまったので、いまは6つだ。

人口が3000人もない村に体育館が6つも7つも必要なのかという話は置いておいて、この体育館でその日、一時帰宅申請をしたのは59家族だった。

当初は、1家族につき代表者がひとりだけと決められていたが、それはあんまりだと、村長が特例を連発し、2人で入れる家を増やした。

この人たちが、「防護服」を着せられ、線量計とトランシーバーをぶら下げさせられ、70センチ×70センチの透明なビニール袋（どう見てもゴミ袋）ひとつ持たされて、滞在2時間でそのビニール袋に入るだけの物を持ち出してもいい……というのが「一時帰宅」の内容。

受付では、「警戒区域が危険であることを十分認識し自己責任において立ち入ります」と書かれた同意書に署名を求められた。「同意書」とだけ書かれたこの紙には、誰に対しての同意書なのかという宛先さえ書かれていなかった。

この様子を、村の人たちは「ばっかじゃなかろうか」と、醒めた目で見ていた。

まず蒸し暑いのに着せられる「防護服」。メディアでは防護服と呼んでいるが、あれはタイベックスーツという商品名で、もともと何かから身を守る「防護」服ではなく、単純に汚れなどがついても後から簡単に脱ぎ捨てられる「防汚」服である。ホームセンターなどでも似たようなものは売っている。床下に潜って泥まみれになって作業したり、塗料が衣服に付着しないようにという目的で着用するもの。放射線被曝を軽減する効果はほとんど期待できない。

もともと紙1枚で遮れるアルファ線は別にタイベックスーツでなくても服を着ていれば防げるし、ガンマ線は何を着ていても素通りする。

放射性物質が付着した場合、タイベックスーツごと脱ぎ捨てられるという意味合いがほとんど

図4-4　「一時帰宅ショー」の始まった日、“重装備”の取材陣

で、要するに着せられている人を守るというよりも、汚染した服のまま戻って来ないでね、ということだ。

　川内村と富岡町は県道小野富岡線（36号線）で結ばれているが、割山峠（標高５５０メートル）の下を貫通する割山トンネルのこちら側（西側）の放射能汚染は薄く、タイベックスーツを着るような環境ではない。トンネルの向こう側（海側・富岡側）にはそこそこのホットスポットがあり、ある程度注意しなければならないが、それでも30キロ圏外の浪江町津島などに比べれば大した線量ではない。

　その日僕が切手を買いに行った郵便局は、警戒区域のほんの少し外側にあるのだが、郵便局内の線量は０・２マイクロシーベルト／時もなかった。

　この日の郡山総合庁舎前の線量は１・５マイクロシーベルト／時だったから、郡山市内より一桁少ないのだ。

それなのに、バスに乗り込む前からタイベックスーツを頭まで被った報道陣の姿は滑稽だった（図4－4）。

当然、あの日のような蒸し暑い天候では、長時間頭まですっぽりタイベックスーツを着ていれば熱中症になるので、放射能よりそのほうがよほど怖い。実際、暑苦しくて気持ちが悪くなり、帰着後に手当を受けた人が何人も出た。

見ていた村民はみんな怒りを通り越し、呆れてものも言えない状態だった。

そもそも4月21日までは、事実上自由に立ち入りができていたのだ。20キロ圏の境界線付近には警察の検問が置かれていたが、警官（ほとんどは他県からの応援）がひとりか2人立っているだけで、住民が「家に戻ります」と言えば「お気をつけて」と、通してくれた。そのやりとりが面倒だと感じる住民は、少し遠回りでも抜け道、裏道を使って帰宅していた。

ペット救出ボランティアも、この期間はみな20キロ圏内につながれたまま飢えている犬などを救出してくれていたし、家畜に餌をやるために毎日のように家に戻っている人もいた。

線量が高かった1ヵ月以上は自由に立ち入りできて、ヨウ素の放射能が減り、線量が下がってきてから完全に立ち入り禁止にし、仰々しく一時帰宅ショーをしてみせる。馬鹿馬鹿しくて開いた口がふさがらない。

繰り返しになるが、3月30日に、「20キロ圏内を、強制力のない避難指示区域から、法的に罰することができて立ち入り禁止にする『警戒区域』に指定してくれ」と国に要望したのは他ならぬ福島県である。その結果、どれだけの苦しみを県民に与えることになるのか、わからなかったはずはないのに。

その要望から3週間後、ついに国は20キロ圏を警戒区域にした。

この3週間の間に、動ける人たちは、すでに自宅から重要な物は大方車で持ち出していた。20キロ圏が立ち入り禁止になった後も、かなりの人たちが自分の車で「裏道」を使って一時帰宅を続け、貴重品や家財道具などを何度も運び出していた。見つからなければそのままだし、見つかっても「10万円以下の罰金か拘留」を科せられた者はいない。「次回は正式な一時帰宅で立ち入ります」という内容の「始末書」を書かせて口頭で注意するだけで見逃してくれる。始末書提出は8月中旬までで約50件だという(『毎日新聞』2011年8月17日)。素直に指示に従い続けた人や、車を失った人、避難所に連れて行かれて移動手段を失った老人たちなどが、家から何も持ち出せないまま、やきもきした時間を過ごしていたのだ。

すっかり時間が経っているので、20キロ圏内といっても、実際には避難場所の郡山市などより放射線量が低い場所もあるし、高くてもせいぜい数マイクロシーベルト/時であり、1日いたからどうなるわけでもないことを、村民は知っている。タイベックスーツを着せられ、滞在2時間までなどという大袈裟な「一時帰宅ショー」に出演することがいかに屈辱的か、わかっている。

やりきれない気持ちで立ち去ろうとしたとき、役場前でひとりになっている村長の姿が目に入った。

「村長!」

声をかけると、村長は驚いたような顔で僕を見た。一瞬、報道陣のひとりだと思ったらしい。

「たくきさん！」

「さすがに痩せましたねえ。大丈夫ですか？」

「ぼくは大丈夫ですよ。いやあ、しかし……」

立ち話をしているうちに、村長から、

「飯食いに行きませんか」

と誘われた。

村長が運転するプリウスの助手席に乗せてもらって、しげるさんが経営する旅館に移動。誰もいない食堂で村長と2人だけ、途中、しげるさんもちょっと同席して小一時間話をした。ここで何を話したかは、村長と僕との間の秘密にしておく。

ただ、この話の最後に村長が口にした言葉だけは記しておきたい。

「郡山ビッグパレット（避難所になっている施設）から、大滝根の横を通って村に戻って来ると、牧歌的な風景に迎えられて本当にほっとするんですよ。ああ、やっぱり川内村のよさはこういう自然豊かな風景にあるんだなあと思います。これからどういう村にしていくのか、ぼくなりにすでに図面を描き始めていますよ。でも、近代化しようとかは全然考えていません。この村のよさをなくしたら、元も子もありませんから」

この言葉を信じたい。

「村長がその決意で頑張る限り、僕もできる限りのことをしていきます」

と、僕も応じた。

ここで線量計を見ると、0・16マイクロシーベルト／時。首都圏と何ら変わらない。ほんとに低い。

この場所からタイベックスーツを着せられて2時間だけの一時帰宅ショーがいま行われていることを思うと、改めてそのバカらしさに絶望的な気分になった。

家に戻り、テレビをつけると、今一緒にいた村長が涙ぐみながらインタビューに答えていた。

「悔しいよね。自分の家に帰るのにタイベックスーツ着せられて……おかしいよ……こんなの……」

村長の「悔しい」の意味は深い。

本当のことを伝えられなくて悔しい。ひどい目にあわされた上に今度は利用されるなんて悔しい。村民を守れなくて悔しい。背に腹は替えられない条件を出されて呑まざるをえないのが悔しい……いっぱいいいっぱい悔しい思いがあるはずだ。

でも、テレビでは、きっと伝わっていなかった。

同意書をめぐって「こんなものには断じて署名できない。署名しないと入らせないのか？」と詰め寄る村民や、持ち帰ったものが「規定より大きい」と言って拒否されて怒り出す村民など、いろいろいたが、そういう場面もテレビでは流れなかった。

テレビで流れたのは、あらかじめテレビ局側が用意したドラマ、物語を忠実に再現してくれる人たちの映像がほとんどだった。

避難所で待っているおばあちゃんに頼まれて、津波で行方不明になった娘の写真を探しに入った親族とか、牛を放してきた農家のおじさんとか……。

都合のいい物語に合わせて被災者を演じさせられながらも、柔和な笑顔で受け答えする福島の人たち。マイクを向けられると、「ようやく家の様子が見られて嬉しいです」などと、よそ行きのコメントを返す。これが田舎の人たちの流儀だということを、都会人は理解できないから、可哀想に、という感想しか持たない。

もっと怒ろうよ。俺たちは日本の玩具じゃない。

撮影するなら出演料出せ、くらい言おうよ。

これだけバカにされて、いいように引っかき回されて、それでも笑顔で耐えている必要なんかないよ。

テレビに映し出される演出済みの映像を見ながら、そう言いたかった。

目と鼻の先の自家用車を取り戻すのに丸一日

「一時帰宅ショー」では、帰宅希望者たちはビニール袋ひとつに入るだけの荷物しか持ち帰ることを許されなかった。

バカにした話だが、さらにバカげていたのは自家用車回収の「セレモニー」だった。

６月１日、警戒区域に残してきた自家用車を持ち出したいという住民の要望に応える形で、自動車を持ち帰る人たちを川内村の体育館に集めて、バスで出発。車が置いてある場所でバスが停まり、車の所有者が降りて自分の車に乗り、そのままバスの後ろについて行くというもの。

友人のニシマキさんが、遠方に避難しているこーちょー（元川内第三小学校の校長先生）の軽トラック回収の代理人として参加したので、そのときの詳しい様子を知ることができた。

ニシマキさんのツイッターを織り交ぜながら実況中継風に解説してみる。以下、「　」内はニシマキさんのツイート。……以下は後にニシマキさんが書いた日記を参照しながら僕が解説を加えている。


「クルマの引き取りで体育館なう。パンと水の軽食、タイベックの防護服、マスクとか手袋、ビニール袋など配られる」

「村長の挨拶。一時帰宅、車両の持ち出し、次は帰りたいですね、とのお話でした」

……これはすでに行われていた一般の一時帰宅ショーと同じ。

「パンと水はバスの中までは持っていけるけど、バスを降りるときに安全管理者に渡してね、とのこと。きちっとしてるなあ。きちっとしてるとことそうじゃないとこのギャップがすごいよね」

……つまり、行きのバスの中で食べちゃって、自分のクルマには持ち込まないでくれ、という意味。バスから一歩外に出たら放射性物質だらけだから、パンに付着して体内に入る危険性がある、ということなのだろうが……。

「クルマが動かない場合、同行するＪＡＦが助けてくれるけど、作業時間は10分。それ以上になったら諦めて、と。レースのピット作業みたいだね。やってくれるのはガソリン補給とバッテリー上がりの対処くらいらしい」

「今日も取材は結構きてるけど、最初の一時帰宅ほどじゃない。テレビも飽きたのかな」

「置いてあるクルマについて。国土交通省の人から。放置してあるクルマはちゃんと整備してね。避難中に車検が切れちゃった場合は、15日有効期間を延長します。自賠責も延長になるらしい。もともと車検切らしてたらどうなるか聞きたいところだけど、やめとく」

「10分休憩してから、防護服着るんだそうだ。おしっこしてこよ」

「手袋、三重だよー。iPhone使えなくなった〜」

……手は、白い手袋の上からビニール手袋。その上からさらにごついビニール手袋の三重装備。一体何を扱うのか？

クルマのドアを開けたら、いちばん上のごつい手袋はビニール袋に入れてそのまま持って帰れとのこと。足はタイベック足袋をはかせられ、クルマに乗ったら、その上からさらにビニール製の足袋をはく。つまり、手は、行きは三重で帰りは二重。足は、行きは三重、帰りは四重(靴下と靴はもともと履いているから)になる。

この「重装備」のおかげで気持ちが悪くなったり運転ミスしたりする危険性のほうがはるかに高い。

「線量計配布。積算計だからあんまり面白くない」

……一般の線量計は、そのときの環境放射線量をリアルタイムで刻々と表示するが、一時帰宅ショーなどで配られるのは、原発作業員が持たされているのと同じ積算式で、それを身につけている間、延べどれくらいの被曝をしたかを計測するもの。場所ごとで線量が高い低いがわからないので「面白くない」。

「検問通過。今日の検問は富山県警の車だった」

……検問は20キロ境界線より少しだけ1F寄りに押し上げられている。すでに書いたように、村唯一の医療施設「ゆふね」が引っかかったためだ。

「一軒一軒回ってくから気が長いぞ。バスに乗ってる仲間は7人。最初の2人がクルマとりに行って戻ってくるのを待っている」

「車内、カバンの中の線量計は0・4をさしている」

……前述したように、「ゆふね」の少し先に遠藤モータースという自動車修理屋さんがあって、そこに預けてあった車を取りに来た人もいた。

遠藤モータースはぎりぎりで20キロ圏に含まれてしまい、社長が営業再開やる気満々なのにできなくなっていた。線量は全然高くない。遠藤モータースにお世話になっている村民は多いので、みんな「なぜ検問をもう少し押し上げてくれなかったのか」と、やりきれない思いでいる（P176図3‐1参照）。

今回、この遠藤モータースに車を預けてあった人が、出発点からいちばん近い場所に車があった。検問からわずか数百メートル、出発点の体育館前からでも3キロくらいの場所だ。

車は無事にエンジンもかかった。じゃあ、そこから車に乗ったまま来た道を戻ったかというとそうではない。戻ることは許されず、延々とバスの後ろに金魚のフンよろしくついて行かなければならなかった。

遠藤モータースの場所は線量が低い（実際、ニシマキリポートでも0・4マイクロシーベルト／時といっている）ので、当然、置いてあった車もきれいなもの。それなのにわざわざバスの後ろについて、線量の高い場所に連れて行かれたのだ。

「クルマとりにいくとこは携帯も通じないということを忘れてた。最初のおうちは山の上。小さなクルマで往復。30分弱かかるらしい。待機。これは気が長いことになるなと気づきました」

……村役場の引率車、マイクロバス、JAFの車が隊列を組んで移動するが、車を引き上げるたびにその車が後ろにくっついて隊列が長くなる。ドラクエみたいだ。

「ということで、電波のあるとこでまとめて送ってます。線量測る人がいて、数字を確認してから表に出ます。0・5とか0・7とか。こっそり持ってるぼくの線量計と大体一致」

「無線機も持たされた。総務省のものらしい。エイコムのやつ。でもね、おれの壊れてたよ。毛戸《もうど》に向かって山を上がったら、線量少し下がる」

……毛戸というのは川内村北東端の地区で、冬には完全凍結してワカサギ釣りができるダム湖がある。ニシマキさんが代理で来ているこーちょーの別荘はこの毛戸の山の上にあり、晴れている日は1Fがしっかり見えるロケーション。

「3台目。エンジンがかからない。10分のお約束だが、かわいそうだから、本部には報告しないで待つ。でもバッテリーが上がりすぎててチャージをしてくれない。残念だけど、持ち出しできず。これが、11時頃のこと」

……バッテリー上がりなどの救援のためにJAFが同行していたのだが、なぜか新品のバッテリーは持っていなかった。チャージしているよりバッテリー交換したほうが早いし確実だろうに。こういうところも抜けているというか、血の通った対応ができていない。

「パトカー先導で富岡まできた。新築のケーズデンキ。線量8・0。こんなに1Fの近くまで来なくてもいいのに……」

……新規開店を待つばかりだったケーズデンキ富岡店は、地震後の窃盗被害がひどかったという。泥棒たちにとっては天国のような「職場」だったろう。

ニシマキさんが頼まれた車はすでにこの時点で回収済みで、ニシマキさんは軽トラを運転してバスの後ろについている。当然、ニシマキさんも来た道を戻れば10分で戻れるのに、わざわざ線量の高い富岡町の中に隊列を作って入っていかなければならなかった。

「地震のまま時間が止まっている富岡駅のあたり通過。線量4・0くらいまで下がった」

「第二原発近く。国道6号がぶっこわれてるので、迂回。0・4。第二はおもらししてないみたい」

……国道6号線が崩れて復旧していないため、わざわざ海沿い（第二原発がある）に迂回しなければならない。南相馬市もそうだが、海岸沿いは総じて線量が低いようだ。

「楢葉。暑くなってきた。窓開けるなっていわれてるけど、線量高くないしなぁ。そもそも、避難先より低いとこに行くのに、なんでこんなに厳重なことするんだ？」

「道の駅ならはでスクリーニング。てんでだいじょうぶ」

「積算計は２マイクロシーベルトになってた。線量的には、富岡寄ったのが余計だったね。気にしちゃいないけど」

……回収したらそのままいま来た道を引き返せば村に戻れる。それなのに、わざわざ汚染のひどい富岡町経由で楢葉まで連れて行かれるのは、そこでスクリーニングをするためらしいが、バカもここまでくるとほんとに笑えない。スクリーニングしたいなら、出発点の川内村でやればいいだけのことではないか。

しかも、楢葉の道の駅で「では解散」となった後も、個人ではいま来た道を戻るわけにはいかない。20キロ圏で立ち入り禁止だからだ。

仕方なく、村に戻るために、わざわざいわき市まで大回りして20キロ圏の外側を迂回しなければならなかった。


ちょうどこのタイミングで僕が別件で彼のケータイに電話を入れたので、話ができた。

「楢葉で放り出されちゃったんだけど、これから川内村に戻るのに、いわきの町まで出ないで行く道ってなかったっけ？」

「広野の県道２４９号っていう、山の中を通っている道があるよ」

「じゃあ、面白そうだからそれで行こう」

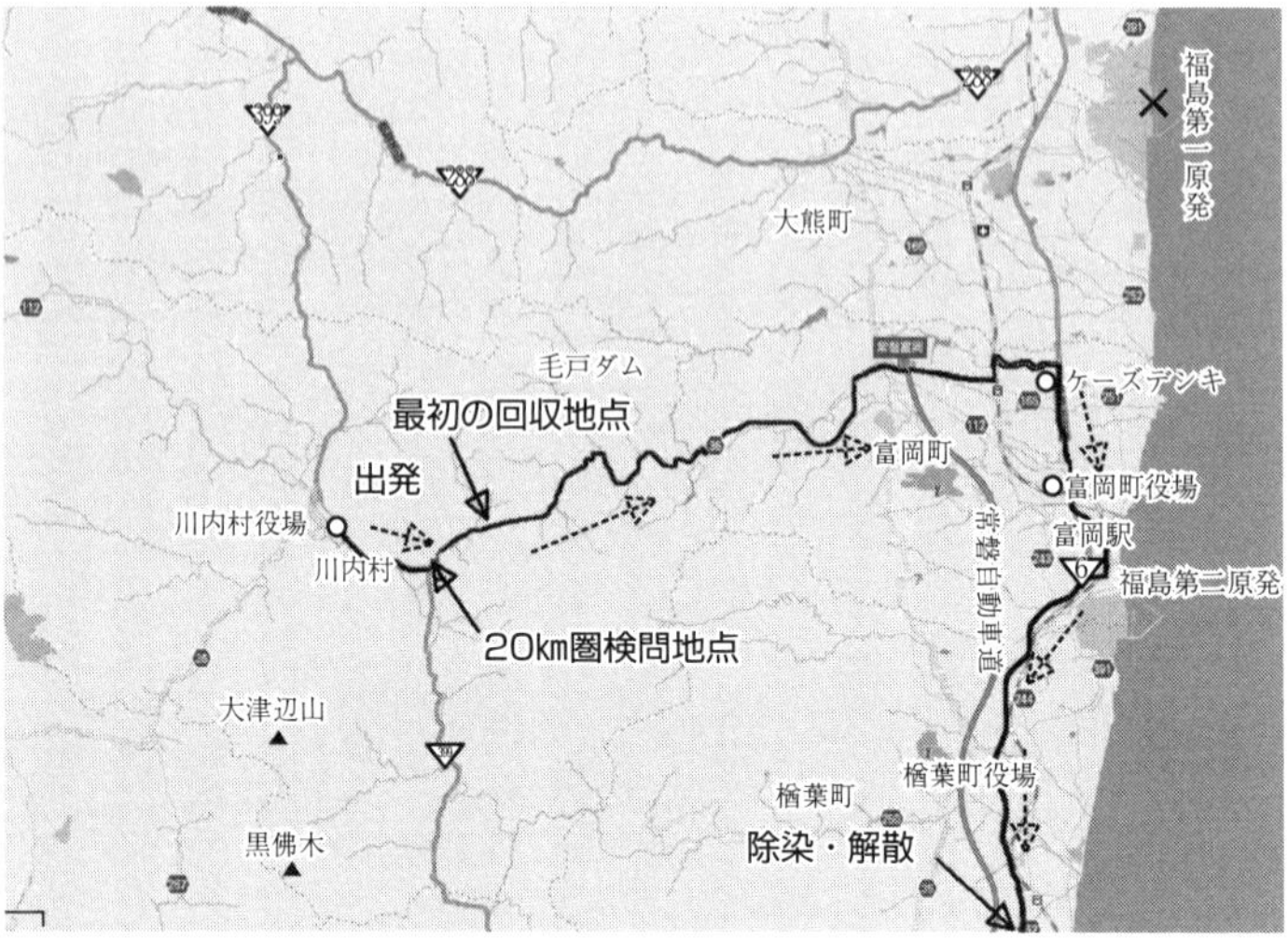

図4-5　6月1日　「自動車回収セレモニー」のルート

……と、そんな会話があって、

「なかなかアドベンチャラスな道を通って399号に出た。ここはいわき市。避難地域でもなんでもないんだけど2マイクロくらいあった。30キロ圏。へんなの」

……と、この後、我が家にその軽トラックでやってきた（図4－5）。

ガソリンはぎりぎりで、そこから先、自分の家までたどり着けるかどうか心配していたが、なんとかなったようだ。

実は、ここだけの話（って、これは一般の出版物なのだが……）、ニシマキさんは20キロ圏が立ち入り禁止の警戒区域指定になる前、富岡町の修理工場に置いてあった自分の車（正確には連れ合いさんの車）を自力で引き上げてきている。

検問の警官とは「車を取りに行きます」「気をつけて」という会話があっただけでフリーパス。この頃の富岡町の空間線量は自動車回収セレモニーが始まった6月よりずっと高かったが、彼の行動はなんら違法でもなく、咎められることもなかった。もちろん、わざわざ線量の高いエリアを通らされることもなく、さっさと来た道を戻れた。

同様に、20キロ圏内に車を置いてきてしまった人たちの多くは、警戒区域指定になる前に立ち入って引き上げている。この日までじっと指示待ちしていた人たちだけがバカげた格好をさせられて1日がかりの回収セレモニーに参加させられたというわけだ。

こういうことが重なっていくにつれ、いくら大人しく我慢強い東北人たちでも、自分たちの生活、命、財産は、自分の判断と行動で守っていくしかないという気持ちを強める。

そうそう、ニシマキさんが引き上げてきた軽トラの持ち主であるこーちょーは、富岡に自宅があり、最近改築したばかり。川内村の毛戸は別荘で、立派なログハウス。どちらも20キロ圏内なので、2つの家を同時に失ってしまった。どちらにも、もう戻れないのではないだろうか。まったく気の毒だ。

一時帰宅——富岡町の場合

川内村の場合は津波の被害はないし、線量も比較的低いから、一時帰宅ショーや車の回収セレモニーにおいても、悲劇というよりは喜劇のようなことになりがちだが、同じ20キロ圏警戒区域でも、富岡町や大熊町、双葉町など、津波被害があり、放射線量も高いエリアは深刻だ。

避難したときも、何も知らされないまま集合をかけられ、バスに乗せられて町の外に連れ出されたので、文字通り着の身着のまま。ペットも貴重品も全部家に残したまま、長期間、戻ることができなくなってしまった人たちがたくさんいる。

ゆかさん（仮名）は、富岡町に住んでいた。震災直後に、夫の実家がある名古屋に避難したが、家は1Fの20キロ圏内で、2Fはすぐそば。立ち入り禁止措置がとられ、長い間家に戻れなかった。

いちばんの気がかりは、可愛がっていたネコのトラを置いてきてしまったことだった。トラが一緒に逃げられなかったことで、10歳の娘さんが心に大きな傷を負ってしまった。娘さんは、避難のときに持ち出せたトラの動画を、悲しすぎていまも見られないでいるという。

自宅への一時帰宅の順番がようやく回ってきたのは6月28日。しかし、その直前に、岩手で入院していた従兄の容態が思わしくないという知らせが入った。

その従兄はまだ40代だが、4人の子供がいる。長年、原発で働いてきた後、リンパ腫で入院した。夫の職場の先輩でもあった。

ゆかさん夫妻は避難先の名古屋から岩手まで車を飛ばし、そのまま福島に戻って6月28日の一時帰宅に参加した。風邪をひいて体調を崩している中の強行軍だった。

出発地点は広野町。ここでバスに乗せられて、富岡駅そばで降ろされた。

バスの窓からは、自動車道の脇で野良牛がのんびり草を食べていたり、放浪犬が尻尾を振りながら追いかけてくる姿が見えた。

出発前、ペットレスキューボランティアさんから「バスを降りたら、すぐにネコちゃんの名前を呼んであげてくださいね。家の近くでなくても、聞きつけて出てくることもありますから」というアドバイスを受けていた。

バスが停まると、1匹の犬が寄ってきた。それを見た、前の席の人が、弾けるように立ちあがり、その犬のほうに駆け寄っていった。

懸命に犬の名前を呼ぶが、犬は、タイベックスーツを着た異様な集団を警戒し、飼い主に心を開かない。飼い主が近づくと吠えて、一歩後ずさりする。いつまで経っても1メートル以上は近づけようとしない。

そんな光景を横目に、ゆかさんも許された時間いっぱい、トラを探して歩き回った。

でも、トラは現れない。

用意してきたフリスキーをざるに山盛りにして、牛乳も食器になみなみと注いで、無事でいてねと祈りながらまたバスに乗せられて戻っていった。

20キロ圏のうち、浜沿いは人口が多いので、残された犬猫の数も多い。飼い主の家が津波に呑まれている場合、待っている場所もない。

そうした犬猫たちをペットレスキューボランティアさんたちは必死に保護してきた。

都会の人たちの力はすごいなと思う。

それでも保護しきれないうちに20キロ圏が完全に立ち入り禁止になってしまい、残されたペット動物たちへの救いの手が途絶えてしまった。
これもまさに、血の通っていない対応の代表だ。

「ペット泥棒騒動」に巻き込まれたジョン

20キロ圏が完全立ち入り禁止になった後は、ペットレスキュー隊も入れなくなり、その外側の緊急時避難準備区域（30キロ圏）に入るようになった。

ここで新たな問題が起きた。

立ち入り禁止の20キロ圏と、普通に生活が許されている30キロ圏では、ペット動物たちの事情がまるで違っていたが、そのことを一部のレスキュー隊が理解していなかったことが原因だった。

4月下旬から、川内村ではペットの犬がごっそり消えるという騒ぎが起きた。

毎日僕と一緒に散歩していたお隣のジョンも、ある日忽然と姿を消した。

最後に一緒に散歩したのは4月30日のことだった。一緒にうちの周囲をいつものように散策し、奥のきよこさんの家でお茶を飲んでいたときに姿が消えた。

震災後はリードをしていなかったから、勝手に戻ったのだろうと思っていたのだが、次の日も次の日も姿を現さない。

変だなぁ、と思っていたら、ジョンにご飯をあげていた近所のよしおさんがわざわざうちまでやってきて「ジョンが保護団体に連れ去られたらしい」と教えてくれた。

しまった。遅かった！

村の中の犬が消えているという話を聞いて、ジョンの首輪に「放していますが世話しています。捕獲・連れ出し禁止」と書いた札をぶら下げておこうと思っていた矢先だった。

30キロ圏の「緊急時避難準備区域」では、僕らが普通に生活をしている。人口は減ったが、立ち入り禁止ではないから、飼い主が犬猫に餌をやるために毎日避難先と家を往復していたり、飼い主が遠くに避難していなくなった犬は近所の人たちが面倒をみていた。

普段と違っていたのは、それまでつながれていた犬たちが放されていたこと。

人間同様、犬たちも「緊急時避難準備区域」に生きている以上、鎖につながれているといざというとき生死に関わるから、飼い主たちはみんな鎖をといていた。

作付けが禁止され、村の農地はどこも耕作していないから、犬が走り回っていても誰にも迷惑をかけない。普段つながれっぱなしの犬などは、ここぞとばかりに我が世の春を謳歌していた。

そんな犬たちの姿が、一部のペットレスキューボランティアたちには「飼い主に見捨てられて野犬化した哀れな犬たち」と映った。

ある団体のブログには、こんな風に書かれていた。

「（20キロ圏が立ち入り禁止になった以上）仕方ないから別のところに行ってみようよ、ということで川内村へ。行ったら犬だらけだわさ。畑を走り回る犬達をじゃんじゃん捕獲」

まるでゲームをしているような書き方に、思わずムッとした。

近所のしまおさんのところでも、毎日餌をあげていた犬が急に姿を消したと言っていた。

他の地区でも、犬が消えたという騒動があちこちで起きていた。

餌の時間になっても犬が戻って来ない。名前を呼びながら近所を探して回る飼い主。

毎晩、仕事場から家に帰ると犬に出迎えられ、一緒にご飯を食べる時間が残された唯一の楽しみだったのに、急に犬の姿が消えてがっくりしている人もいた。

そういう話が伝わってきて、よしおさんの飼っていた猟犬2匹も、それまでは留守中に原発事情が急変して家に戻れなくなったときのために鎖をといていたのだが、やむなくつないだという。

これはおかしいぞ、と気がついたときには遅く、すでに東京、埼玉、千葉などに連れて行かれて「被災犬です」などとネットに写真が出ていたりする。中には「川内村で捕獲」と書かれた犬も多数交じっている。

事態を把握してからは、毎日、ネット上のペットレスキューボランティア掲示板でジョンの姿を探すのが日課になった。

大きそうな団体や、ブログに「じゃんじゃん捕獲」と書いていた団体にはメールも出したが、わからない。

情けなかった。

犬をつないでいないことが法的に問題があることくらいわかっている。だけど、いまは非常時だから、飼い主にとっても、犬を飼っていない近所の人たちにとっても、そしてなによりも当の犬たちにとってもいちばんいい方法として鎖をといていたのだ。みんなが困らずに幸せに生きていける方法として、餌は普通にあげているが、つなぐことはしない、という形をとっていたにすぎない。

そもそも、田舎の犬と都会の犬は違う世界に住んでいる。

ニシマキさんが住んでいる一区（通称高田島）には、「生まれてこの方、人間に触られないで生きている飼い犬」がいるという。それって、普通は「野犬」と呼ぶのだろうが、そんな犬にも「飼い主」を自任している人がいる。ご飯をあげているけれど、つながれたことがないどころか、人間が触れたことさえない。勝手に山の中で「繁殖」して、しぶとく生き延びている「飼い犬」。

そんな犬もいれば、いつもつながれっぱなしの犬もたくさんいる。

つながれっぱなしの犬にとっては、鎖をとかれ、畑を走り回るなんて、一生の間にめったにない幸せだった。遊び疲れて家に戻り（まあ、それが本来の飼い主の家じゃなくて、村に残っているご近所さんの家だったりするわけだが）、ご飯をもらって、ああ、今日も楽しかったぁ……と思いつつ寝る。

そんな、つかの間の自由を満喫していた犬たちも「じゃんじゃん捕獲」されてしまった。

で、ジョンもその「ペット泥棒」騒動に巻き込まれた。

最初に問い合わせたのは、いちばん大きそうな保護団体で、メールを出したところすぐに返事が来た。

私たちのグループは川内村では保護していないが、大変ご迷惑をおかけしていて申しわけあり

図4-6　捕らえられていたジョン（左下）

ませんと、非常にていねいな返事だった。

他の団体と横のつながりがあるようなら、川内村の事情をよく理解して行動してほしいとお願いしたところ、快く「できうる限り情報を伝え、注意して行動するように呼びかけます」と約束してくれた。

こういうしっかりしたグループが、たまたま間違って捕獲していればいいのだが……。

僕の「阿武隈日記」を普段から読んでいる常連さんからも、たくさん情報をいただいた。

その中のひとり、お会いしたこともない女性から、「ここにいっぱい写真が出ています」という情報をいただき、チェックしたところ……ん？

……いた！（図4－6）

耳を伏せて情けない顔になっているが、ジョンに間違いない。

さっそく電話した。

電話に出た男性は眠そうな声でむにゃむにゃと要領を得ない応答で、後ろでは女性の声で「保健所に問い合わせてもらって」などと言っている。

保健所だって？

その一言でぶち切れそうになったが、かろうじて気持ちを抑えて、後から確認して電話をもらう約束をとる。

その後の1時間ほどは、どっと疲れてしまい、あらゆることが嫌になった。

手遅れになっていたらどうしよう。今頃、二酸化炭素充満のコンクリートの部屋で悶えながら窒息死させられた後だろうか……。最悪の事態を想像すると、もう、怒りとかではなく、ただただ「こんな世の中は嫌だ」という厭世観がべっとり身体にまとわりついた。

日頃、おばかだおばかだと言っていたが、結局、ジョンには精神的にいっぱい助けられていたんだなあと、改めて思い知った。

もう少し早く気づいて、首輪に札をつけておけば……。悔やんでも悔やみきれない。

どよ〜んとした気分でいたところに、電話が鳴った。

今度はさっきとは別のはっきりした口調の女性で、ジョンが捕獲されたときの様子や、いまどうしているかなど、ていねいに説明してくれた。

このグループは3人で構成されていて、日頃は野良猫の救済活動を主にやっているのだという。

今回は「非常時」ということで福島に遠征したが、犬用のケージも足りず、リードを車のヘッドレストにつないで、車内に直接乗せて運んだりしていたらしい。

その日、南相馬市方面での保護活動を終えて帰ろうとしていたとき、川内村で犬が1匹けたたましく吠えながら車を追ってきた。「ぼくも連れて行って」と訴えられていると思い、車に乗せて連れ帰った……のだそうだ。

まったく、ジョンは……。

「それは連れて行ってほしいということじゃなくて、単に遊びで追いかけていただけなんですよ。動くものはなんでも追いかける犬なんです。おばかなので」

と説明したら、「そうなんですかぁ？」とがっかりしたようだった。

捕獲したときの様子を詳しく聞くと、どうも4月30日に一緒に散歩していて、奥のきよこさんの家で僕がお茶を飲んでいたまさにそのときに連れ去られていたらしいとわかった。

で、ジョンはその後すぐに里親になりたいという人が現れて、いま、所沢にいるのだという。

かねださん（仮名）というその家に電話すると、ジョンはすでに「ふくちゃん」という名前になっていて、可愛がられていた。

健康診断や予防注射も済んで、ダニやノミも取ってもらい、普段はその家の庭で放し飼い。近所の公園に散歩にも連れて行ってもらっているらしい。

「このまま飼い主さんが現れないといいねえ、なんて家族で話していたんですよ」

……あららららら。

ほんとにあのジョンなのだろうか？

「黒い首輪ですよね？」

「はい」

「耳が折れていて、足の先が白くて、尻尾はほとんど垂れていて、意気軒昂なときだけちょっと上がって巻き気味になって……」

「そうです、そうです」

「リード、ぐいぐい引っ張って、落ち着きがないでしょ」

「ええ……まあ……（電話の向こうで苦笑しているようだ）。あと、雨が降っていても小屋に入らないで濡れているので心配したりしているんですが……」

「そういう犬なんです。雪の上で寝ていますから。零下10度とかの吹きっさらしのところで生きてきた犬です」

「そうなんですかあ？」

「犬小屋に毛布や藁を入れても、すぐに引っぱり出すし……」

「そうなんですよ！　タオルケットを入れたんですが、すぐに引っぱり出してしまって……」

「猟犬の血が濃いのか、キジやヤマドリを猛烈に追いかけたりする犬でして……」

「そうそう！　公園で鳩を追いかけようとして大変でした」

間違いない。ジョンだ。

ちなみに、ジョンの首輪もリードも僕が買ったものだ。ジョンは力が強く、いくら教育してもぐいぐい引っ張るので、半年に一度はリードが切れて買い換えていた。きっと、里親になったかねださんも苦労していることだろう。

なにはともあれ無事でよかった。

で、問題は、これからどうするか、だった。

話を聞けば聞くほど、そのまま「ふくちゃん」としてその家に飼われているほうがずっと幸せなんじゃないかと思えてくる。

飼い主のけんちゃんに電話して、状況を説明した。

「う〜ん、それは……少し検討させてください」

との返事。

ジョンのご飯係だったふさこさん（けんちゃんの母親・80間近）は、身体が動かない夫（80代）と一緒に東京の親戚の家に避難しているし、けんちゃんは村の職員だからビッグパレットの避難所に詰めていて帰って来られない。いま、ご飯をあげているよしおさんの親切にいつまでも甘えていられないし、我が家もこれから先、留守にすることが多くなると思うので、犬を飼うのはやっぱり無理。

……となれば、多分……。

数日後、けんちゃんからケータイに電話がかかってきた。

「たくきさんには申し訳ないんですが、その里親さんにこのままジョンを飼っていただくことにしました」

「そうですか」

そうなるだろうな、と思っていた。

つくづく強運な犬だ。

ジョンはもともとけんちゃんの友人が飼っていた雄犬（雑種）が野良の雌犬（雑種）に産ませた4匹のうちの1匹だった。他の3匹はそこそこ可愛かったので引き取り手が見つかったのだが、ジョンは最後まで残り、けんちゃんに押しつけられた。けんちゃんの家では誰もジョンを可愛がらず、ご飯係のふさこさんも「犬は嫌いだ」と公言してはばからない。3年くらいつながれっぱなしになっていたのに僕が気がついて、毎日散歩に連れ出すようになって3年目だった。

まあ、いまは元気なジョンも、これから少しずつ歳も取っていくし、真冬には零下10度にもなる吹きっさらしでつながれているより、埼玉のお金持ち（？）の家で可愛がられたほうが幸せだろう。

散歩の友を失った僕としては釈然としないが、ジョンの幸せを考えれば仕方がない。

田舎では、つながれっぱなしで一生を過ごす犬も多い。犬を家族としては考えていなくて、備品のように扱っている人もいる。

飼い犬や猫が子供を産むとすぐにビニール袋に入れて川に流してしまうなどということが、田舎ではあたりまえのように行われてきた。悲しいことだが、これはいまでもそうなのだ。

川内村には獣医さんもいない。犬猫の避妊手術なんて、ほとんどの家で考えもしないようだ。

都会の人たちのペットへの溺愛ぶりと田舎の人たちの怖いほどの割り切りが交じり合うとちょうどいいのだが、世の中、なかなかうまくいかない。

3・11以前の「平時」でも決して幸せに暮らしていたとは言い難い犬にとっては、都会で可愛がってくれる新しい飼い主に巡り会えれば幸せだ。ジョンのように「福島から来たふくちゃん」として生まれ変わり、福を摑んだ犬は他にもたくさんいるに違いない。

人も動物も、結局は運だなあ、とつくづく思う。

ちなみに、阪神淡路大震災以降、被災地で捕獲された犬猫は保健所も処分せず、飼い主が見つかるまで、あるいは里親が現れるまで保護し続ける努力をしていくという。

しかし、それを知ってか知らずか、被災地の飼い主が自分で保健所にペットを持ち込むケースがたくさんあり、その場合は普通に殺処分されてしまうのだそうだ。

ジョンを見つけたのは「東北地震犬猫レスキュー・COM」というサイトだが、ここに掲載されている被災犬・猫の写真を見ていて気づいたことがある。

都会では雑種の犬を見ることがほとんどなくなってしまったが、田舎で飼われている犬は雑種が多いということだ。田舎にいた雑種の犬猫が都会に流入して、都会の人たちが雑種の犬猫のよさに気づくという効果もあるかもしれない。そうした犬猫が子孫を残せば、地域を越えて血が適度に混じり、昔のように雑種があたりまえで純血種は特別だという日本に戻るかもしれない。

ジョンの行方が分かった日、テレビでは、20キロ圏内に生き残っている家畜はすべて殺処分することを国が命じたというニュースが流れた。

ゆかさんには「東北地震犬猫レスキュー・COM」を教えた。トラが保護されているかもしれないよ、と。

「たくきさんが教えてくださったサイト、順次チェックしております。似たような子がいるたびキュンとしています。生きていてよ、トラ！」

ゆかさんからは、そう返事が来た。

その後、我が家には、子猫が２匹やってきた。村の20キロ警戒区域境界線付近に捨てられていたのを見つけてしまい、拾ったのだ。悩んだ挙げ句、２匹一緒に飼うことにした。

２匹は元気にわが家の中で走り回っているが、ジョンと違って一緒に散歩ができないので、僕の運動不足は解消されなかった。その後、１キロ以上離れた家に取り残された犬がいると知って、いまはチャッピーというその犬（♀・雑種・５歳くらい）と毎日散歩をしている。

全村避難が決まった飯舘村へ

１Ｆから40キロも離れているのに汚染されてしまった悲劇の村として、飯舘村の名前は全国に知られることになった。村の名前が突然一人歩きし始めた点では、中越地震のときの山古志《やまこし》村に似ている。

飯舘村は僕の住む川内村から見ると北に位置していて、面積は川内村より少しだけ広く（川内村は約１９７平方キロ、飯舘村は約２３０平方キロ）、人口は川内村の２倍強（震災前は約６１５０人）。川内村と飯舘村は国道３９９号線で結ばれているが、途中に旧都路村（現在は田村市に併合）、葛尾村、浪江町が挟まっている（Ｐ58図１‐６参照）。

僕はいままでこの村のことはあまり意識したことがなかった。

距離的に離れていることもあるが、飯舘村に行こうと思わない限りはまず行くことがない場所だからだ。一般道を通って川内村から福島市まで行こうとした場合、飯舘村の手前で西寄りのルートで川俣町を通る。浜沿いにのんびりと宮城県まで行こうと思った場合も、飯舘村の東側の南相馬市を通ることになり、やはり飯舘村は通らない。

鉄道は通っていないし、東北道と浜沿いの6号線のほぼ中間にあるので車でのアクセスも、悪い。首都圏の人が別荘や二地域居住を考えたとしても、時間的に川内村よりも不便だ。

しかし、村の活気、生命力、まとまりなど、人的環境におけるあらゆる点で飯舘村は川内村を大きく上回る魅力を持っていた。

まず、年齢別人口分布で50歳前後の落ち着いた働き盛り世代がいちばん多い。全国平均と比べても、明らかに戦後ベビーブームより後の世代の人口が多い。これが村の活力と落ち着きに大きく影響している。

移住者が多いのも特徴で、農業、畜産業だけでなく、様々な職業の人たちが集まっていた。

この土地の自然環境に惹かれて、持続性のある文明のあり方を研究している学者や自然農法研究者たちも足繁く通ってきていた。

この村のことを語る上でなによりも重要なことは、地理的にも精神的にも、福島原発とは無縁で、村民の間に、自分たちの村は自分たちの力で育て、守り抜くという意識が強く根づいていたことだ。

日本全国で市町村合併の嵐が吹き荒れたときも、周囲の市町は合併して南相馬市となったが、飯舘村は独立独歩の道を選んだ。

ちなみに飯舘村は「相馬郡」だが、いま、相馬郡として残っているのは海沿いの新地町と飯舘村しかない。間に相馬市があるので、飯舘村と新地町は同じ相馬郡を名乗りながらつながっていない。ちなみに新地町も、3・11では津波の被害を受けて深刻な状況にある。

飯舘村にもともと住んでいた人たちも、外から集まってきた人たちも、村に対する想いはとても強く、実際に、一種の理想郷を築いているという自負があった。

それだけに、なぜ自分たちの村がこんな目にあわなければいけないのだという怒りと絶望は深い。

5月25日、僕は、獏原人村のマサイさん、ニシマキさん、小塚さんらと一緒に、飯舘村に向かった。

飯舘村はこの時点で全村が「計画的避難区域」に指定され、事実上村が一時的に消滅するという現実と向き合っていた。

飯舘村を含め、1Fの北西方向の汚染がひどいことは、3月15日にはすでに国も県も把握していた。線量も測られていた。それなのに、国も県も、飯舘村に何の指示も出さず、放置した。

この異常事態に気づき、子供たちだけでもすぐ村外に避難させなければ、と声をあげたのは、20代の青年だった。

佐藤健太さんは、3月26日にツイッターを使ってSOSを発した。

「飯舘村に住んでおります。放射能数値が高いにもかかわらず屋内待避の範囲にすら入らず、外で仕事を続けざるを得ない状況です。生殺しです」

「救いたい命、救いたい未来がある！　その未来は、原発の未来じゃない！　人の未来だ！」

「こうしてる間にも、放射性物質は少しずつ体内に蓄積している」

……こうした悲鳴にも近い彼のメッセージに多くの人たちが呼応した。

村の中でも「行政の対応を待っていられない。自分たちで行動を起こさなければ」と若い世代を中心に動き始め、4月26日には最初の「村民決起集会」が開かれた。

この活動は「愛する飯舘村を還せプロジェクト　負げねど飯舘‼」として広がっていく。

5月11、12日には、村民、特に子供たちの健康を守るための行動、補償・賠償問題、帰村に向けてどんな取り組みをすべきかなどの方針と分担を決めて、村長と話し合いを持ち、全村避難の前、5月25日に、村民の団結の証としての「村民の集い」を開催することを決定した。

ここに至るまでには、すみやかな避難を訴えるプロジェクトメンバーと、ぎりぎりまで村を避難区域にさせまいとした村長との間に深刻な亀裂が入った危機もあったが、最終的には村の行政と村民が協力し合って立ち向かうしかないという認識でまとまったようだ。

マサイさんたちは5月12日に飯舘村を訪れ、この村の人たちの志気が高いことに驚かされた。元気のない川内村に比べて、汚染のひどかった飯舘村の人たちは凛々しい。威厳がある。かくしゃくとしている。村作りの根性が違う……ということを、マサイさんたちの口から聞いていた僕は、これは自分の目で見ておかなければと、25日の村民の集いにまた行くというマサイさんたちに同行したのだった。

小塚さんが運転するRAV4に大人5人がぎゅうぎゅう詰めで乗り込み、ゆっくりと国道399号線を北上する。

川内村から飯館村に行くにはこのルートしかないが、途中、線量が高いことで有名になった浪江町津島地区の山道を通過する。

助手席にいた僕は、ずっと線量計を見ていた。

川内村を出発したときは0・3マイクロシーベルト/時弱。非常に低い。

しかし、399号線を北上するにつれ、線量がどんどん上がる。

田村市都路に入ると、0・6マイクロシーベルト/時くらいまで上がった。288号線にぶつかった交差点が0・5マイクロシーベルト/時。都路大橋を過ぎたあたりで再び0・6マイクロシーベルト/時。

葛尾村に向かって再び北上するあたりで0・6→0・8→0・9とみるみる上がり、葛尾村との境界線あたりで1マイクロシーベルト/時を突破した。

その後、1・5マイクロシーベルト/時くらいまで上がり、JAと郷土文化伝習館がある交差点あたりで1・2マイクロシーベルト/時。

上がったなあ、と身構えるが、考えてみると、この1マイクロシーベルト/時ちょっとというのは、福島市や郡山市内の数値と同じなのだ。改めて、川内村がいかに線量が低いかを思い知った。

登館峠《のぼたて》（標高650メートル）に向かって北上するにつれ徐々に下がり、1マイクロシーベルト

／時。峠から先に進むにつれ再び1・1↓1・2↓1・5……と上がる。

国道114号にぶつかったところで3マイクロシーベルト／時。そこから急激に上がり始める。

4↓5↓6↓7マイクロシーベルト／時。

ここは東側が下津島。浪江高校津島分校があるあたり。テレビでおなじみのダッシュ村がある。

国道399号を北上して山の中に入っていくと、線量計はけたたましく鳴りっぱなしになり、今まで見たことのないような数字が表示される。

16↓17↓19↓そして20マイクロシーベルト／時……。この線量計を買ってから、二桁台の数字を見たのは初めてだった。しかも車の中で走りながらの数字だから、外に出てじっくり測ったらもっと高いことは明白。

テレビで何度も見ている長泥《ながどろ》地区まで来ると、逆に下がってきて8マイクロシーベルト／時。川内村周辺で7だの8だのという数字を見たらビビるのだが、いま、20マイクロシーベルト／時突破を体験した直後だけに、一桁の数字に戻るだけでほっとする。

そこからまた山の中のワインディングロード。9マイクロシーベルト／時くらいまで上がった。

その先で、「ちょっと外の土の上に置いてみる?」という話になり、車を停めて僕ひとりが降り、土の上に線量計を置いて数字が上がるのを見ていた。

線量計がけたたましい音をたてて、32・8マイクロシーベルト／時まで上がったところで怖くなり、そそくさと車に戻った。

飯舘村の中心部に近づくと、空っぽになった牛舎などが見えてくる。のんびりした田園風景は本当にのどかで、車の中で線量計がピーピー鳴り続けていることを除けば、素晴らしい世界だ。

しかし線量計は鳴りっぱなし。

なんともいたたまれない気持ちのまま村役場に着いた。

図4-7　飯舘村役場の隣にある村営の書店では、村オリジナルの書籍を売っていた

今日のイベントに集まった人たちの車がかなり停まっていた。

村の職員や集会を企画したスタッフたち大勢が、駐車場の誘導などをしている。この時点で「すごいな」と舌を巻いた。

これから去っていかなければならない村で、最後まで気合いを入れて何かをしようという意欲。原発に依存して過ごしてきた双葉郡の町村とはまったく違う。

こんなに素晴らしい村が、なぜいちばんの被害を受け、築いてきたものを奪われてしまうのか。改めてやりきれない思いがこみ上げる。

役場の隣には村営の書店がある。

レジのそばには村オリジナルの書籍があり、初版が2011年4月11日となっていた。原発震災後に出版していることに驚かされた。しかも奥付を見ると3刷とある（図4－7）。

「ここももうすぐ閉じなければいけないんですよ」

女性の店長がそう言った。

この書店だけではない。村の人たちは全員、ここで築いてきたものをすべて捨てて移転しなければならない。それなのに、ぎりぎりまで、みんなしっかりと「今までの暮らし」「日々の仕事」を淡々とこなしている。

こんなことを書くとまたいろいろ言われるかもしれないが、飯舘村の人たちは顔つきが違う。意志の強さが美しさとなって顔に出ている。

テレビや新聞の報道だけ見ていると「なんでさっさと避難しないんだ」「わかっていない」などと思いがちだが、現場には全然違う空気があった。

飯舘の人たちは、わかった上で、落ち着いて動いている。覚悟を決めて、生き方を変えることなく、次の一歩をどう踏み出すべきかを模索している。こんなひどい状況下でも、今まで築いてきたものを大切にして、足下を見つめて生きている。

ここの空気を吸って、ここの人たちの顔を見て、ようやくそのことがわかる。

みんな、言いたいことは山のようにある。胸が張り裂けそうな思いを堪えて、いまもこうしてここにいる。

なぜこの村が？

何度も何度もそう問いかけたくなる。誰に？　運命に？　神に？

もう、これ以上何をどう言えばいいのかわからない。それくらい重いものがそこにはあった。

村民の集いは学校の体育館で行われた。

入り口では来場者全員におにぎりが配られていた。

こんなにひどい目にあわされながら、来てくれた人たちをおにぎりでもてなそうという心意気に打たれた。

集会の第1部はシンポジウム、第2部は加藤登紀子コンサートという構成。

シンポジウムは終始静かな雰囲気の中で進んだ。

村を捨てなければならない無念を、何らかの形で残したい。黙って去るのはやるせない。そんな思いが込められての集会だったと思うが、企画をした人たちも、参加した人たちも、集まった人たちも、もう村が元通りになることはないだろうという思いがあるのだろう。村にサヨナラを告げるセレモニーというムードが漂っていた。

シンポジウムのパネリストは、自家焙煎珈琲店・椏久里《あぐり》を20年続けてきた市澤美由紀さん、ツイッターで救援を訴え続けた佐藤健太さんら5人。司会進行は福島大学の千葉悦子教授（生活構造論）。

各自、自分の置かれた状況や今後のことなどを切々と訴えていた。

椏久里の市澤さんが「自分たちはもう長くないからここに残ると言っているじいちゃんばあちゃんたちも、そんなこと言わないで、新しい場所を見つけて生きていきましょう」と訴えているのが印象的だった。

第2部のコンサートでは、加藤登紀子さんが飯舘村の人たちに向かって「千葉に来ませんか」と誘っていた。彼女は千葉県で農事組合法人鴨川自然王国という農場をやっている。

２００９年10月、加藤さんは「嶺岡平久里の風力発電を考える会」代表として、経産省に「風力発電施設への補助金交付制度の抜本的な見直しを要望いたします」という趣旨の要望書を提出した。

まともな審査もせず、やみくもに国が補助金を出すので、使いものにならないような風力発電施設が山間部にどんどん建設され、結果として日本の自然環境を著しく破壊している。こうした補助金ばらまき政策がエネルギー政策を歪める原因になっているから、根本的に考え直してほしい、という内容だ。

そのときは僕も賛同者のひとりとして名を連ね、経産省にも出向いた。

要望書を受け取ったのは、福島県選出の増子輝彦経産省副大臣（当時）だった。１Ｆ３号機のプルサーマルを一刻も早く始めようと動いていた人物。

福島から来たという僕に向かって、増子氏は「郡山の地元の人たちの要望を受けて布引高原風力発電所（２０００キロワット×32基、１９８０キロワット×１基、計33基）を作った」、と誇らしげに言っていた。非常にわかりやすい利益誘導型政治家。

僕が「では、その布引高原の風車群はどれだけの電力を作り出し、どれだけの化石燃料を節約しているかというデータを見ていますか？」と問い質そうとした途端、「黙って人の話を聞け！」

と遮り、民主党のお粗末なエネルギー計画を延々と述べ始めたのにはすっかり閉口したものだ。

1年半前のその場面を思い出しながら、彼女の「みなさん、千葉に来ませんか」という呼びかけを聞いていた。

考えることは同じなのだな、と思った。

飯舘村には、自然環境という魅力だけでなく、他の土地にはないマンパワーがある。人材は簡単には集まらない。飯舘村の人たちがバラバラに散っていくのはなんとも惜しい。加藤さんと同じように、僕も、この村の人たちの何人かでも川内村に来てくれたらいいのに、と考えていた。

テレビでは、仙台市内がすっかり復興したとか、○○漁港に震災後初めて魚が陸揚げされたといったニュースがときどき流れてくる。

津波で根こそぎ流された町は本当に悲惨だが、少しずつでも復興を考えられるのはうらやましいなと思ったりもする。

放射能汚染された地域は、見た目には何一つ、壊れているものも汚れているものもない。それなのに、山道の脇に咲く美しい花をかがんで見て愛でるひとときはもうない。そこにいるだけで、線量計がけたたましく鳴り、異常な数値を表示する。

自慢の無農薬牧草を牛に食べさせることもできない。沢水で遊ぶこともできない。長い間かけて続けたオーガニック農業は根底から覆され、今後、自分が生きている時間レベルでは再開できないという別の種類の悲惨さと向き合っている。

飯舘村の人たちは、2ヵ月かけてそのことを理解していった。どんな思いだっただろう。必ず戻ってくるぞ、などというきれいごとは言えない。厳しすぎる現実を直視しながら村を去っていく。

コンサートを途中で抜け出し、川内村に帰ってきたときは夜10時近かった。灯りのない通りには、「ガンバレ！　かわうち」の横断幕が浮かび上がる。

川内村はどうなるのだろうか。

飯舘村に比べれば、汚染の度合いは格段に低い。

しかし、人々の多くは諦めムードに包まれているかのようだ。

川内村は7月に住民アンケートを実施した。

それを見ると、まず14％の村民は、たとえ原発が完全収束しても村には帰らないと答えている。

帰らない理由のトップは、放射能の恐怖ではなく「仕事がなく、所得を得られないから」（26％）だった。原発は背中を押したに過ぎなかったのかもしれない。

中学生までの子供を持つ世帯では、村に戻って子供を就学させたいと答えた人は30％で、63％が「川内村以外の放射能被害のない場所で就学させたい」と答えている。

川内村よりも放射能被害がない場所というと、ほぼ県外に移転するしかないわけだが、そこまで理解しての答えなのかどうかはわからない。

川内村にあった富岡高校川内分校は、震災とは関係なくすでに廃校になっている。原発震災があってもなくても、子供が高校進学する際には、子供を高校のそばに下宿させるか、子供と一緒に村外に移転するかを選ばなければならない。もともと子供を育てるという面では極めて厳しい環境だったために、全村避難を機に、村で暮らすことを完全に諦めた世帯が一気に増えた形だ。

子供を持つ世帯は村外に去り、残った人たちは頑張りようにも頑張りようがないと言う。となると、村の行政が今まで以上に補助金や公共事業呼び込みに走るのは非常にわかりやすい。

ちなみに、このアンケートでは、原発は廃止すべきだとこたえた人は67％で、安全性を満たせば稼働させてもよい、活用すべきだ、と答えた人が31％いた。

3割を超える村民がまだ原発に期待を寄せているというアンケート結果を見て、村を去ろうと決めた人もいる。

それぞれの立場にいる人たちの気持ち、置かれた状況が痛いほどわかるだけに、僕としては、川内村について、簡単に批判したり鼓舞したりする気にはなれない。

しかし、これだけは言いたい。

人々が生き甲斐を持てない村に金だけ呼び込んでも、その村はもはや「生きている」とは言えない。

川内村が突きつけられている問いは、深く、重い。

第5章　裸のフクシマ

「地下原発議連」という笑えないジョーク

7月、事故後4ヵ月過ぎても、1Fの状況はいっこうによくならなかった。のど元過ぎれば……で、政治家や有識者と呼ばれる人たちの口からは、1Fをどう封じ込めるかという話はすっかり消えて、原発に代わる電力をどうするだの、脱原発は可能なのかといった議論ばかり出てくるようになった。

民主党政権がわざわざたちあがれ日本から引っ張ってきた与謝野馨経済財政担当相などは、繰り返し「原発は日本経済にとって必要」と言い続けていた。

こういう人物は以前からたくさんいたし、ゴリゴリの推進派だった学者や政治家が次々に脱原発を言い出す中、ある意味「すげーな」と思うが、さすがに驚き呆れ果てたのは5月末に突然出てきた「地下式原子力発電所政策推進議員連盟」（地下原発議連）なるグループだ。

地上に作ると危ないから、原発は地下に作ればいいんだよね、という趣旨の会らしい。最初にこの話を聞いたときは、与太話だろうと思った。誰かがツイッターにジョークとして書いたものが広まったのではないかと。

ところが、ジョークではなかった。

会長は平沼赳夫（たちあがれ日本）。顧問には、谷垣禎一、安倍晋三、山本有二、森喜朗（以上、自民党）、鳩山由紀夫、渡部恒三、羽田孜、石井一（以上、民主党）、亀井静香（国民新党）。事務局長に山本拓（自民党）……という顔ぶれ。

この会の立ち上げを歓迎しよう。政界をリードしてきた人たちはことごとく頭がおかしいということを日本国中に知らしめることになったからだ。

彼らは本気でこんなとんでもないことを考えているのだろうか。

今までは、政治家というのは利権のために大嘘を平気で吐く人たち、という認識だったのだが、もしかしてただ「バカなだけ」なのかもしれない。信じがたいことではあるが……。

要するに、原発そのものより、日本の政治のほうがはるかに危険だったのだ。

ここから先、エネルギー問題について書いていくが、地下原発がなぜダメなのかというレベルにまで落として説明するつもりはない。

それでも、話がくどくならないように、最初に２つのことをはっきりさせておきたい。どんな意見を持っているかたでも、現時点で以下の２つのことは否定できないと思う。

どう考えても否定しようがない現実を共通認識として持つことから始めないと、つまらない論争の繰り返しになってしまう。

①化石燃料を代替するものはない

石油・石炭などの化石燃料は有限なのだから、使い続ければいずれはなくなる。

化石燃料だけではなく、材料資源もいずれはなくなる。一部のレアメタルの採掘限界年数は石油より短い。

例えば、発電機のタービン翼には高熱に耐える合金が使われるが、もしかすると石油の枯渇よりも、タービン翼を作るために必要なレアメタルが枯渇するほうが早いかもしれない。

現代の産業や技術の基盤は石油である。ウラン燃料を作り出すにも石油が必要だし、風車や太陽光パネルを作るのにも石油が必要だ。石油が完全に枯渇したときにはいまの技術や産業も成立しない。

昨今は「再生エネルギー」による発電に移行することが急務だという論議が飛び交っているが、風や太陽光が装置を作るための材料資源を生み出してくれるわけではない。発電装置を作るためには石油や金属といった材料資源が必要だし、材料資源を加工するためのエネルギーは電力だけでまかなえるわけではない。電気だけで鉄鉱石を採掘し、運搬し、精製することはできない。

そもそも電力はエネルギー資源ではなく、エネルギーを使う手段のひとつにすぎないのだから、化石燃料や材料資源が枯渇した世界に豊富な電力が存在するということはありえない。

②放射能を消す技術は存在しない

今回の放射能汚染は「事故が起きたから放射性物質が生じた」わけではない。放射性物質は事故が起きても起きなくても、最初から原発の施設内に存在していた。最初から存在していたものが壁の外に「漏れた」ということだ。

放射性物質は、焼却することもできないし、土壌バクテリアが分解してくれるものでもない。もちろん、食物連鎖の中に組み込むこともできない。地球生態系が持っている物質循環システムに乗せられない物質だ。

「除染」というのは、「拡散」か「移動」のことであって、放射能を消滅させることはできない。現人類が知りうる限り、放射能を消す技術は存在しない。

放射性物質に対して人間ができることは、生態系に接触しないように隔離して保管することだけ。それ以外のことはできない。

今後、事故が一切起きなかったとしても、半減期が２万４０００年（プルトニウム２３９）だの７億年（ウラン２３５）だのという放射性物質を、人類は管理し続けなければならない。

そのためには気の遠くなるような時間とエネルギーが必要だが、化石燃料資源が枯渇する将来において、どうやって保管するというのか。

ウンコやオシッコは処理できる。僕は新潟にいたとき、実際にそれを自力でやっていた。『エントロピー読本』（日本評論社）という本に紹介されていた土壌浄化システムを家の敷地内に作り、水洗トイレから出る汚物を土の力（正確には土壌バクテリアやミミズの力）で処理していた。十数年間、何の問題もなく処理できた。

生物が活動すればゴミが必ず出る。人間以外の生物は排泄物と死体というゴミしか出さないが、人間は様々な生産・消費活動をするため、排泄物と死体以外のゴミを大量に出す。そのゴミは、地球の物質循環システムに乗せて熱に変え、最終的にはその熱を宇宙空間に捨てることで消滅させている。この物質システムを壊さずにいかに維持していくかが、人類が生きていく限り向き合わなければならない「ゴミ問題」だ。

核廃棄物というのは、この地球の循環システムに乗せられないゴミ、しかも放射能というやっかいな性質を持つゴミだ。処理できないゴミを出すシステムを作ってはいけないのはあたりまえのことだ。

そのことを指して、当初から「原発はトイレのないマンション」だという名言があった。その通りなのだから誰も反論できない。この時点で原発を作ってはいけないことは明らかだったのに、根本的な問題に触れないまま人間は「トイレのないマンション」を作り続けた。

トイレがないのだから、ウンコやオシッコはマンションの中のどこかに溜め続けなければならない。ウンコとオシッコをパンパンに溜め込んだマンションが壊れたらどうなるか。それをまさにいま、我々は目の当たりにしている。

たかだか軽水炉が３つ４つ壊れただけでこの惨状なのだ。現存する世界中の原発が作り出した放射性物質を、今後、未来永劫環境中に漏れ出さないように管理し続けることを考えただけでも、とんでもなく高くつく発電方法だということは明々白々ではないか。

それを「安い」と言い続けてきた人たちは、自分たちが生きている間だけ事故を起こさなければ、なおかつ国がじゃんじゃん補助金、交付金、助成金の類を注ぎ込んでくれるうちは、自分にとっては安くつく、と思っていたにすぎない。

いつか破綻することはわかっているが、自分たちが生きている間はなんとかごまかせるだろう。そのためには税金をたっぷり注ぎ込んでもらおう。自分が死んだ後、50年後、１００年後のことまでは知らない。

そういう犯罪を続け、正当化するために、莫大な税金が使われてきた。

この認識から出発しないと、問題の本質は見えてこない。


放射能で死んだ人、これから死ぬかもしれない人

原発内部には放射性物質が存在している。

放射性物質に近づけば被曝する。その程度によっては死んだり、癌や白血病などの病気になり、命を縮める。

これはわかっていることだが、原発を運転し続けるためには、補修、燃料交換、掃除といった作業をし続けなければならないわけで、それに従事する人たちは必ず被曝する。

とくに下請け会社の臨時雇いの現場作業員たちがひっそり死んでいく問題は、以前から一部のジャーナリストたちが取り上げていた。でも、僕も含め、多くの日本人は、そうした現実を直視しようとはしなかった。

石炭採掘だって、炭坑の作業員が落盤事故で死と隣り合わせになっているし、世の中には命を削りながら金を得ている人たちはいっぱいいる。自分で選んだ職業なのだから、外野がいちいち口を出すことではない……そう思って、沈黙を決め込んできた。

しかし、川内村に移り住んでからは、昨日まで元気だった人たちの何人かが急性白血病や癌で亡くなるのを実際に見てきた。ああ、こういうことなのか、と思い知った。

ゆきおさん（仮名・50代）は、村では知らぬ人のいない有名人だった。建設会社で働いていたが独立し、次々に商売を考え出しては成功させる、村では珍しく人生に意欲的な人だった。

スズメバチの駆除、焼き鳥屋、農産物や自家製惣菜販売、土木工事請負……これは面白そうだ、金になりそうだと思えばなんにでも挑戦し、それなりにやりとげる。明るく楽しい性格で、村の誰からも愛されていた。

僕も何度かお世話になった。我が家に続く道はうちの土地で完全な私道なのだが、大雨でその入り口の橋が落ちたときはゆきおさんに電話して直してもらった。

ゆきおさんはたちまち仲間を召集し、大型のユンボ（パワーショベル）と土建現場で拾い集めた廃材（使い古したヒューム管、ガードレールの端切れ、石など）をダンプに積んで駆けつけ、あっという間に落ちた橋を修復してくれた。請求額はわずか三万数千円だったと記憶している。

「使ったのは全部建設廃材で、うちの裏庭に置いてあったやつだからただでいいですよ」

と言ってのける。それにしても人件費や工賃はかかるだろうに、安すぎる。

頼りがいのある人で、彼には一生お世話になるだろうなと思っていたが、ある日突然訃報が届いた。急性白血病だという。

つい先日まで笑っていたのに、何かの間違いではないかと思った。

ゆきおさんが昔、息子の大学進学費用を捻出するために原発の中に入って高い日当の仕事をしていたということは後日知った。

原発のそばで暮らすということはこういうことなのだな、と、そのとき知った。

この手の話は他にもたくさんあるが、村人たちは口にしたがらない。原発で働いた人が後に癌や白血病で死ぬことは完全なタブーなのだ。

僕も、その話はそのまま胸の中にしまった。

原発で働いていたことと、その後、癌や白血病で急死することがリンクしているのかどうかは証明できない。「多分、内部被曝していたんだろうな」と思うだけだ。

1Fの事故後、1F構内で働いているという青年（20代）と話をする機会があった。

彼は放射線測定をする会社に勤めていて、1Fの事故後も1F構内で仕事を続けているという。

80人いた社員の半分は、事故後、被曝が怖くて辞めていった。でも、彼は辞めないで残った。


なぜって、他に仕事がないからですよ。事故後は給料も上がったし、原発のそばの村に生まれた人間の運命なんだなと思って……。その代わり、入れる保険は全部入ってますよ。生命保険も、親が受取人になって入ってます。俺が死んだら親が保険金を受け取れる。せめてもの親孝行ってことで。つき合っている女の子はいますけど、結婚は諦めました。だって、将来に責任を持てないじゃないですか。家族を守ってやれない父親にはなれないですよ。

そんなことを淡々と話す青年に、僕はいくつもの「なぜ？」を浴びせたが、答えは素っ気なかった。

いまは会社が借りているいわき市内のビジネスホテルに寝泊まりして1Fに通っているという。毎晩、仲間と夜の町に繰り出して飲み、遊ぶ。給料が上がったから、金の心配はない。生きているうちが花だと、みんな、その日その日（というより、その夜、その夜）を楽しんで、寝る。

いまいちばんの希望は、被曝線量が限度になる前に別の原発に異動になることだという。累積被曝線量が上限に達すると、他の原発でも働けなくなるからだ。

内部被曝？　そりゃしてますよ。1Fの免震棟は地震で入り口が歪んでいて、きちっと閉まらないんですよ。エアフィルターで放射性物質を除いているってことになっているけど、そのフィルターだって事故後交換していない。そもそもそんなもん、恐ろしくて触れないでしょ。そこで飲んだり食ったりしているんだから、内部被曝は絶対してますよね。まあ、しょうがないっすね。こういう仕事なんだから……。

彼に限らず、村の若者たちに軒並み覇気が感じられないことは、以前から気になっていた。老人たちが比較的元気なのに比べると、若い世代は最初から自分の人生を諦めているようなところがある。

若い世代が夢を持って生きていないといっても、小学生くらいまではしっかりしている。

避難生活が長期化してきた6月、川内村に住んでいた3月11日の事故当時小学6年生だった女の子が、「抗議文」（図5－1）を書いて、知り合いの村会議員に託した。「抗議文」を渡された議員はどうしていいのかわからぬまま、懐にしまった。6月20、21日。川内村の議会が開かれた。議会の後、東電から派遣された社員からの説明会に移行し、そこでも補償金をめぐって紛糾した。見るに見かねたこの議員は、懐からこの「抗議文」を取り出して、村の職員、議員、東電社員らが集まっているその場で読み上げた。

さすがに、これが読まれた直後は、場内が静まりかえったという。

この話を聞いて、3月に僕がWEBで続けている「阿武隈日記」の常連読者さんのひとりから送られてきたメールの一節を思い出した。

「この国のお役人の税金泥棒ぶりと、報道陣の良心と知性と勇気のなさぶりにはうんざりします。被災地などの小学生の受け答えのシッカリしていることと比較してみると、この子たちの一部が、将来こういう大人になっていくとすれば悲しいことです。

政治家はもっと情けない状態で、口にだすのも嫌になります。人の上に立つ者の持つべき資質のかけらも見られないような大人が大きな顔をしてこの国や社会の表舞台に立っているのを見ているのは悲しい限りです」

放射性物質による被曝より、「原発を組み込まれた人生」の中で生き甲斐を失っていくことのほうが、ずっと恐ろしい。

原発は私のすべてをうばった。私の大切な大切な故郷も仲間も学校も今までやってきたこともすべて…。

原発さえなければ、こんなに悩むことも苦しむこともなかった。

原発さえなければ。なんで原発なんてつくったんだよ。

川内のみんなとこれからつくりあげていくはずだった歴史もすべて。

あなたは私の何を保しょうしてくれますか?

私の時間を私の仲間を私の心をすべてうばった。

あなたは、私のすべてを保しょうしてくれますか?

こんな思いをいだいているのは私だけではないでしょう。

あの美しい川内村を あのあたたかい川内村を
かえしてください。

私のふるさとを返してください。

楽しい思い出がつまった川内村を 返してください。

原発のせいで、多くの命が消えました。

どれだけ私達にとって川内村が大切だったか。

お金なんかじゃ、けっして保しょうなんかできないんです。

~~あなたは~~

あなたを私は絶対にゆるさない。

すべてをうばったあなたを。

原発なんて絶対に。

図5-1　事故当時小学６年生だった女の子が書いた「抗議文」

日当10万円、手取り6500円

前出の20代男性と話をしたのは5月上旬だった。話の内容から察するに、彼は比較的上位の下請け会社に正社員として就労しているようだった。そのため、毎晩飲み歩いても金の心配はないと言っていたが、1Fで働いている人たちがみんな高給で処遇されていると思うと大間違いだ。

8月4日、日弁連主催の「原発労働問題シンポジウム」で、渡辺博之・いわき市議（日本共産党）が、自ら複数の原発作業員に聞き取り調査をした結果を報告した。

その内容の一部をまとめてみる。

原発内での様々な作業は、東電からまず「御三家」と呼ばれる東電工業、東京エネシス、東電環境エンジニアリングに発注される。他に、日立や東芝など、原子炉メーカーにも発注される。

その下には、本社は東京などにあって、現地で日常的なメンテナンスを請け負う「常駐下請け」と呼ばれる会社がある。そこからさらにどんどん下位の下請け会社に仕事が下りていく。

下請けの下請けとしていわゆる〝人夫出し〟と呼ばれる派遣会社が多数存在している。東電は事故前までは3次下請けまで、事故後は4次下請けまでは公に認めているが、実際にはその下にも存在する。もちろん「多重派遣」は違法行為なので、これら〝人夫出し〟業者の多くは派遣業などの許可は得ていない。

派遣された作業員は、書類上は2次、あるいはせいぜい3次下請け会社の社員ということになっていて、そこから給料をもらっていることになっている。そのため、作業員も自分が一体どの会社に雇われていることになっているのかわからなくなることがある。

下請け作業員の給料は多段階で中間搾取されるため、およそ日当10万円の仕事でも、作業員の手に渡るときには6000円台という極端な例さえある。

このような何段階もの下請け・派遣構造は暴力団の介入も許すことになる。事故前から暴力団が派遣をしているケースはあったが、事故後はマスコミでも報道されているように、暴力団がなだれ込むように入ってきて、常にトラブルが発生している。

末端作業員は社会保険にも加入できない。保険に入る権利があるのだから主張すべきだとアドバイスすると、「手続きすれば、会社から悪く思われて働かせてもらえなくなる」と言ってしない人が多い。

事故後、1Fでの労働には本来の賃金の他に1日10万円弱の「危険手当」が支給されていたが、それが次第に1日1万円程度の人、500円～1000円程度の人、まったくもらえていない人などにばらけてきた。作業員の一人は「危険手当までも中間搾取されているのではないか」と語っていた。

危険手当がもらえないと高線量被曝をしてまで1Fで働くメリットがないので、経験のある作業員がみんな帰ってしまう。結果として、技術や経験のない素人集団だけが1F内に残るという恐ろしい状況が進んでいる。私のところに相談に来た作業員の一人は、「作業員全員平等に危険手当を支給してほしい」と訴えていた。

彼らには厳しい箝口令が出ていて、「匿名であっても、マスコミに話をしたやつは誰かすぐにわかる。仕事を辞めてもらうことになるぞ」と、たびたび念を押されている。

2010年2月9日、「いわき市原発の安全性を求める会」と共に、東電に対して多重派遣や社会保険未加入などの違法行為の実態を調査し、改善するよう求める申し入れをした。

これに対して東電は、「下請け会社・孫請け会社などの雇用なので、調査は任意調査にならざるをえず、また、プライバシーの問題もあり実態把握が困難である」と回答してきた。

また、東電は、「労働基準監督署による講習会を行い、下請け会社などに法律を守るよう徹底指導した」とも回答してきたが、「指導すれば法律は守られるようになるのか」と質すと、「守ってもらえると信じる」と答えるのみで、守っているかどうか確認する考えはないということだった。

（ブログ「ひろゆきの活動日誌」http://jcphiro.exblog.jp　より要約）


ここに出てくる〝人夫出し〟という言葉は、村で暮らしているとときどき耳にする。地域の区長や地元企業の社長などがこの〝人夫出し〟をしていることが多い。つまり、下請けの派遣業は原発周辺地域の有力者にとっては魅力的なビジネスであり、そこにぶら下がる住民たちと、自然と利益共同体が築き上げられる。公にはできないビジネスだから、タブーだらけの秘密結社のようになる。

僕たちのような移住者は、この利益共同体にとっては警戒すべき人間だろうから、普段のつき合いでも「触れてはいけない話題」としてお互いが認識し合うようになる。

首長も議員もこの共同体とは密接に関わっている。彼らはいかに理想を掲げようとも、選挙で落選したり、有力者からのバックアップを得られなければ何もできなくなると考えるから、最終的には地方政治も多くの秘密やタブーを共有した多重利権集団という構造になっていく。

国も東電も、自分たちが生み出した末端での闇に、決して触れようとはしない。

浜岡は止める前から壊れていた

2011年5月6日、菅直人首相（当時）が浜岡原発の全原子炉運転停止を中部電力に要請、9日に中部電力がこれを受け入れて、運転中だった4号機、5号機を停止すると発表した。

これをめぐっては、菅首相の要請が唐突だとか根拠がないとか他の原発は止めなくてもいいのかとか様々な議論を呼んだが、そんなことよりなにより、いざ止めてみたら「5号機は壊れていた」という事実に唖然とさせられた。

5月14日、運転停止作業を行っていたところ、5号機の復水器に400トンの海水が流入し、そのうち5トンは圧力容器内（原子炉本体）に流入していたというのだ（2011年5月15日『毎日新聞』『産経新聞』他）。

浜岡の5号機は「改良型沸騰水型（ABWR）」と呼ばれ、出力138万キロワットは日本最大。2005年に運転を開始したばかりの新しい原子炉だ。それが、地震も何も起きないうちから「壊れていた」のだ。

沸騰水型原子炉では核燃料と直接触れた水が蒸気になり、発電タービンを回している。蒸気はその後、復水器という装置内で海水を通した配管に触れることで冷やされ、水に戻り、再び原子炉内に戻される。

復水器内には蒸気を冷却するための海水が通った外径3センチほどの配管（復水器細管）が2万1000本並んでいる（浜岡5号機の場合）。その細管はチタン合金製で、厚さは0・5～0・7ミリしかない。

その薄い金属膜を隔てて、放射性物質だらけの水蒸気と海水が隣り合っている。この細管部分は以前から軽水炉原発の弱点と言われていて、あちこちの原発で過去何度もトラブルを起こしている。

浜岡5号機の事故では、この細管43本が損傷、2本が変形して水が漏れていた（6月17日に中部電力が発表）。

原因は、破損箇所のそばにある再循環配管（直径約20センチ）のふた（重さ約3・5キロ）が落ち、配管から噴き出した水が細管に当たって損傷したと推定された。

落ちた再循環配管のふたと配管の溶接付近に溶接時の初期欠陥があったという。溶接は2001年3月に行っている。5号機の別の再循環配管も調べたところ、他にも溶接の初期欠陥が確認された。中電では、溶接時にできた欠陥が原因で損傷が進み、破断に至ったとみている。

再循環配管には原子炉の起動や停止時にのみ水が流れ、ふたには約3気圧の水圧がかかる。今回の事故では、ふたが外れた後、2時間ほど水が噴き出していたとみられている。

炉心に流入した5トンの海水は原子炉格納容器内の圧力抑制室（1Fの2号機で破損したドーナッ状の部分）にも流入したと見られている（『静岡新聞』2011年6月18日）。

実に驚くべき話だ。

要するに「東海地震が来ても大丈夫」と言い張っていた浜岡原発の国産最新型原子炉は、地震がなくても簡単に配管破断が起き、海水が炉心に入り込んでしまう程度にお粗末な代物だったのだ。

厚さ1ミリもない金属パイプに海水（塩水）を流して汚染蒸気を冷やすという復水器細管。普段でも、流れている海水による摩擦、振動、塩分による腐食、異物混入、金属疲労などによって、かなりの負荷がかかっている。いつ破れてもおかしくない。過去にはフジツボが詰まって穴が開いたなどという事故もあった。今回は、そばを通っている別のパイプのふたが溶接不良で外れて水が噴き出し、その水が吹き付けただけで細管43本が破断したというのである。

こんな脆弱なものが地震に耐えられると言い張る人は、正常な感覚を失っているとしか言いようがない。

メディアがこの「事故」（電力会社は決して「事故」という言葉を使わないが）を大きく報じなかったことが信じられない。炉心に海水が入り込むなどということは絶対にあってはいけないことだ。地震も津波もないうちからこんなことになっている原発を動かすなど、ありえない。

2005年に稼働したばかりの国産最新鋭原子炉がこのざまなのだ。40年も前の「アメリカ仕様」のボロボロの原子炉が壊れるのはあたりまえすぎる。

3月11日の地震発生直後、1Fで作業をしていた人たちは、建屋の上から大量の水が流れ出してきて逃げたと証言している。つまり、津波が来る前から配管は破断し、水が漏れ出していたのだ。

原子力というと、専門家でしか技術論を述べられないと思いがちだが、普通に考えてみればいい。やっているのは「湯沸かし」である。

たかだか発電タービンを回す蒸気を得る、つまり「お湯を沸かす」のに、こんな危険なものを扱う必要がどこにあるのか。

この程度の代物を、科学だの技術だのと評論していること自体が笑止千万。「普通の感覚」の人間ならそう思うはずだ。

浜岡原発5号機に話を戻そう。

中部電力上層部は菅直人に感謝していることだろう（社長の会見はヤクザの恫喝まがいだったが）。こんなものを動かし続けていたら、いつどんな大事故が起きてもおかしくなかった。

復水器細管が破断して海水が原子炉内に流れ込んだということは、原子炉内と外界がつながってしまったということを意味している。

放射性物質の漏洩を防ぐためには復水系を遮断するしかなく、おそらく現在は別系統で炉心を冷却していることだろう。もちろん、このままでは再稼働などできるはずもない。

海水が5トンも炉心に入り込んだということは、一次系配管、それに付属しているもろもろのバルブ類、接合部分、計器類が塩分によって損傷する可能性もある。中電は「イオン交換塩分除去系で浄化する」「腐食を防ぐ脱塩作業を実施し、本年度中に原子炉やタービン系の海水の除去作業を終える見込み」などと言っている（『静岡新聞』2011年6月18日）が、おそらく本音では再開できないと判断しているはずだ。

1F、2F（福島第二原発）も同じことだ。

地元ではこの期に及んで「1Fの5号機、6号機はまだ生きているから再稼働できるはずだ」とか「福島の復興をアピールするためにも2Fは早期再開を」などと言っている人たちがいるが、現場ではいま、そんな話につき合っている暇はない。

いまは冷温停止していることになっている2Fも、実際には内部はあちこちでパイプ破断が起きていて、次に大きな余震などがあったらどうなるかわからないという話が、実際に中で作業をしている作業員たちから伝わってきている。

そもそも、あの地獄絵のような1Fからわずか12キロしか離れていない2Fで再稼働などできるはずがない。何かあったとき、もはや対応不能になることは「普通に考えれば」わかることだ。

それでも「原発は必要」と真顔で言っている人たちは、単に現実を知らず、今まで刷り込まれた嘘による洗脳から抜け出せていないだけのことだ。

「エコタウン」という名の陰謀

原発震災後、「脱原発」を表明した人たちは多い。

金融界では、城南信用金庫が4月8日に「原発に頼らない安全な社会へ」というメッセージを同社のホームページに掲載して話題になった。中部電力を相手取った浜岡原発廃止を求める訴訟の原告団にも加わっている吉原毅理事長は、『報道ステーション』のインタビューの中で、「もし仮に、純粋な民間ベースの事業として原発がスタートするとした場合に、それに融資をする銀行は一行もないと思う」

と明言している。

この「純粋な民間ベースの事業として」という部分が非常に重要だ。

それだけ高くつく、リスクがありすぎる事業がなぜここまで進められてきたかと言えば、国策として税金を投入し放題だったからだ。

トイレのないマンション。未来永劫環境中に出ていかないよう隔離して管理し続けなければならない放射性物質。一旦事故を起こせば国が丸ごと滅びるかもしれないという取り返しのつかない危険性……。

誰が考えても割に合わない事業である原発は、普通のビジネスとして成立するはずがない。やろうとしたら、ビジネスの枠組みを超えて、無理矢理税金を投入するしかない。実際にそうしてここまでやってきた。

税金が投入される事業には巨大な利権が生まれる。その利権をめぐって、政財官学から不正な力が働き、各分野が持つべき正常な機能が失われる。

これは別に原発だけの話ではなく、日本の近現代史で延々と繰り返されてきたことだ。放射性物質をばらまかれ、身ぐるみ剝がされた福島は、今や「税金投入」の格好のターゲットになっている。

エコタウン構想、メガソーラー計画、「再生可能」エネルギー全量高額買い取り制度……こうしたものが、実は原発推進と同じ構図で進められようとしていることに気づかないと、福島は原発と同じ過ちを繰り返すだけになってしまう。

エコタウン、スマートシティ……聞こえはいいが、いま、被災者に必要なのは、屋根に太陽電池を載せた建物が並ぶ絵に描いたような街ではなく、地道に自分たちの力で産業を再開・維持していける生活基盤なのだ。流されてしまった漁港の付帯設備をいち早く再建して、再び漁業ができるようになることであり、食糧危機を迎える前に東北の農業基盤を回復させることだ。

前述した仮設住宅問題がいい例だろう。同じ税金投入でも、すぐに取り壊すことがわかっているプレハブ仮設住宅を建てるよりも、空き家を活用することのほうがはるかに効率がよい。

発電事業問題はもっとはっきりしている。

太陽光発電や風力発電のコストが高いのは、投入するエネルギーに比べて取り出せる電力が小さいからだ。実に単純な計算問題にすぎない。

本来成立し得ないものに税金を投入して無理矢理成立させてはいけない。それが許されるのは、福祉関係やどうしても必要なインフラ整備の初期投入などに限られる。

どういう発電方法が現在のところいちばん理にかなっているか、無理がないかは、電力会社がいちばんよく知っている。原発が不適であることは明らかなのだが、そこに莫大な税金を注ぎ込んで無理矢理推進させた結果が福島の悲劇だった。いい加減気がつくべきだ。

いま必要なのは「正直になること」。それだけだ。

「原発が安いというのは嘘でした。クリーンだというのも嘘でした。嘘を吐《つ》き通すために今までさんざんみなさんの税金を注ぎ込んできましたが、もうやめます。これから先、しばらくは、いちばん効率のよい、そして技術が確立されている発電方法で電気を作ります。でも、エネルギー資源は有限ですから、できればあまり電気を使わなくても幸せになれる世の中を作っていきましょう」

……正直にこう宣言すればよい。

「除染」という名の説教強盗

エコタウンビジネス以上に巧妙で悪質なのは「除染」ビジネスだ。

7月23日に放送された『ＮＨＫスペシャル』「飯舘村～人間と放射能の記録」の中に、驚くべきシーンがあった。

前原子力委員会委員長代理・元日本原子力学会会長・元日本原子力研究開発機構特別顧問……といったバリバリの経歴を持つ「原子力ムラ」の大物・田中俊一氏（工学博士）が飯舘村長泥地区の区長の家に乗り込み、村に大規模な放射性汚染ゴミ貯蔵所を作らせようと籠絡する手口が、あからさまに放送されていた。

田中氏が先頭に立つ「除染部隊」が目をつけたのは、汚染度合いが高いことで有名になった長泥地区の区長の家。

村に残っている区長に「除染をすればこの家の線量を10分の1に下げられる」と言って家の周囲の木を伐採したり落ち葉をかき集めたりする。しかし、3日かかっても家の中の放射線量は2分の1にしかならなかった。

その後、田中氏は区長に持ちかける。

「産廃場みたいなものを作って……ね……。除染すると、多分、飯舘だけで考えても（放射性物質が濃縮された土やゴミが）何百万トンって出るんですよ。そうすると谷ひとつくらいは埋まっちゃうんだよ、フフフ（薄笑い）。でも、これだけ広いんだから、どっかの谷を……あの……村で確保してもらえれば……。全部こういうの（放射性ゴミ）集めて、どこかにまとめて処分できるようにしないといけない」

きれいに印刷された「処分場」の概念図を出して、それを見せながらこう説得しているのだ。そしてとどめを刺すように宣告する。

「いまのまま何もしなければ、帰って来れないんですよ、本当に」

……なんだこれは、と、さすがに多くの国民が気がついたはずだ。

これは詐欺ではないか。いや、もっとタチの悪い説教強盗ではないか。

真面目に暮らしてきた飯舘村を汚した犯人はおまえだろうが、と。

勝手に人の家にやってきて、縁の下にシロアリをこっそり撒く。その上で、

「ほら、お宅はシロアリにやられていますよ。駆除するのは我々専門家に任せてください。このまま放っておけばお宅は腐っていく一方です。それを見ているのはあまりにも忍びないですから、ここは商売抜きでお安くしておきますよ」

……という詐欺があるが、まさにあれの究極凶悪バージョンだ。

村長ではなく、真っ先に区長の家を訪ねていくのは、原発や風力発電、産廃場など、迷惑施設を持ち込むときの常套手段だ。しかも、すでに「産廃場みたいなもの」の図面まで用意している。

彼は原発を推進してきた者として責任を感じ、懺悔の気持ちで「除染」計画を指揮しているというポーズをとっているが、本当に責任を感じているなら、誰よりも先にこの地へ来て、避難誘導すべきだった。ところが、莫大な税金が投入されるビジネスが成立するとわかってから、セールスマンの先兵隊長として乗り込んできた。

それが彼にとっての〝懺悔〟なのだろう。

つまり、国民への懺悔ではなく、自分と利権を共有していた「原子力ムラ」のメンバーへの懺悔。

「ヘマをして利権構造を崩してしまったことへのお詫びとして、それに代わる利権構造構築のため、責任を持って除染ビジネスを推進します」ということなのだ。

下手な除染は被害を拡大させる

福島は、放射性物質という見えない汚物で、土、空気、水を汚されてしまった。裸になって汚れを落としたくても、普通の泥汚れのように簡単ではない。放射性物質は水で流しても燃やしても消滅することはない。移動・拡散するだけだ。

水で洗い流せば、使った水が新たに汚染され、別の場所に放射性物質を運ぶ。焼却すれば、体積が減った分、焼却灰の中に高い濃度で放射性物質が残る。セシウムが付着した表土を剝ぎ取ればその地面の線量は下がるが、表土だけ集めた土はさらに高い放射線を発する汚染源になる。

ヒマワリや菜種を植えてセシウムを吸い上げようという計画もあるが、吸収率はそんなに高くないという説があったり、吸収したとして、そのヒマワリや菜種をどう処分するのかという問題が残る。

「除染」についていろいろなアイデアが出されているが、考えるのと実際にやってみるのとでは大違いだ。

村の友人たちは実際に自分の家の周囲の土を剝いでみた。

線量は確かに下がったが、取り除いた表土の始末をどうしたのかと訊くと、みんな途端にもごもごと言葉を濁す。

「この先何十年も人が入り込みそうもない秘密の場所に捨てた。どこかは言えない」

「とりあえず借りている土地の脇に積んだんだけれど、線量計近づけたらとんでもない数値が出てびびった。そこには近づかないようにしている」

これと同じことが、より大きな単位、規模で福島の中で、莫大な国費を投じて進められようとしている。

「除染」と言えば聞こえはいいが、放射性物質は消滅しないのだから、できることは「移動」か「拡散」しかない。

「移動」は、「ここにあるよりは他にあったほうがマシだから移動させる」という発想。

「拡散」は、「1ヵ所に固まってあると怖いので、なるべく薄く広く拡散させて、リスクを下げてしまいましょ」という発想。

どちらも、目的がはっきりしているなら間違ってはいない。公共施設や学校などでは、移動だろうが拡散だろうが、いまよりマシな状態にするために徹底的にやるしかない。子供が土にまみれて遊ぶ砂場やグラウンドに放射性物質がたっぷり含まれていていいわけがないのだから。

こうした「ピンポイントの除染」はすぐにやるべきだ。

しかし、除染が利権と結びつき、公共事業としてやみくもに推し進められると、被害はかえって深刻化する可能性がある。

例えば、汚染された森林は思いきって伐採することも必要、などと言う学者がいるが、それによって破壊される環境のダメージのほうがはるかに高いことになりかねない。それに、伐採した木はどうするのか。燃やして発電に使うなどと簡単に言ってくれるが、放射性物質は燃やして消えるわけではないから、焼却灰には濃縮された放射能が残る。

そもそも、単純に森林と言うが、雑木林（落葉樹林）と杉や松の林（針葉樹林）ではセシウムの付着の仕方が違う。3月の時点で、福島の落葉樹はまだ葉をつけていなかったから、放射性物質は葉には付着していない。土に積もっていた落ち葉についたセシウムは、次第に雨に流され、あるいは葉が土壌生物やバクテリアに分解されることで土に混ざり、染みこんでいく。現時点で、雑木林のセシウムは樹木の表面にはあまりなく、多くは土の表面に付着していると思われる。そのセシウムの一部を樹木が吸い上げて葉に溜め込む。冬が来て、土の上に新しい落ち葉が積もり、それもやがて土になる。それを毎年繰り返していくから、簡単には消えてくれないだろう。本当に残念なことだが、汚染地帯の森では、今後長い間、キノコや山菜類を採って食べる楽しみが消えた。

針葉樹は3月の時点でも葉をつけていたから、葉の表面に放射性物質が付着した。しかし、これも雨で流されて、少しずつ土の上に落ちていく。

樹木を皆伐したところで切り株は残るのだから、切り株の残った山の表土をきれいに剝ぎ取ることは難しい。無理にやったとしても、そのコストやエネルギーに見合うだけの効果があるとは到底思えない。むしろ、汚染された土が剝き出しになったところに土砂崩れや鉄砲水などの被害が起きて、放射性物質が人の生活圏に拡散する恐れがある。

それになにより、除染作業は、いちばん恐ろしい内部被曝の危険を伴う。

薄く汚染された森林の中を歩き回っていても、出るガンマ線で外部被曝している分にはほとんど危険はない。しかし、チェーンソーで木を伐り倒し、土埃が舞う中で枝や幹を切り刻めば、樹皮や葉っぱから飛ぶ細かな粒子を嫌でも吸い込む。放置しておけば薄い外部被曝だけで済むものを、伐採して移動させることで致命的な内部被曝を呼び込むことになりかねない。除染することで内部被曝のリスクを高めるというのでは、まったくナンセンスだ。

また、汚染の度合いが低い森林を無理に剝いで、樹木や表土を1ヵ所に移動して埋めてしまえば、高濃度の放射性物質が土中に集められるわけだから、地下水汚染の危険が増す。山村で一度地下水が汚染されたら取り返しがつかない。

セシウムは土壌に吸収されやすく、地下10センチ以上には染みこみにくいというから、放置しておけば薄く広く付着しているだけで、まず地下水には届かないだろう。いちばん怖いのは地下水汚染だから、わざわざ金をかけてその危険性を高めるのはバカげている。

伊達市のある地区では、民家3軒の前の舗装道路の除染作業が行われた。水で洗浄しても線量が下がらないというので、もうもうと粉塵を巻き上げながら舗装道路の表面を削り取る作業に、2日間で動員延べ150人。費用は350万円かかった（TBS『震災報道スペシャル　原発攻防180日の真実』）。もしこんなことを都市部で大々的にやったらとんでもないことになる。現在でも福島県内の「除染」作業で出る放射性廃棄物は数千万トンに上ると予測されているのに、収拾がつかなくなるのは目に見えているし、粉塵を吸い込んで内部被曝する作業員や市民が続出するだろう。

除染についていろいろアイデアを出すことは必要だし、学校や公共施設などのミニホットスポットを消していくピンポイントの除染は早急に、全力を挙げてやるべきだ。これは当然。

しかし、あまりにも福島の自然を知らない人たち、現場を見ていない、あるいは田舎の生活や自然環境に触れたことのない人たちが安易に理論をぶちまけているだけというお粗末なアイデアが多すぎる。

前出の児玉龍彦博士（東大アイソトープ総合センター長）も、7月27日の衆議院厚生労働委員会参考人説明で訴えていた。その最後の部分を、ほぼそのまま紹介したい。

緊急に子供の被曝を減少させるために新しい法律を制定してください。

私が現在やっていることはすべて法律違反です。現在の障害防止法（放射性同位元素等による放射線障害の防止に関する法律＝一九五七年制定）では、核施設で扱える放射線量、核種等は決められています。現在、東大の27あるいろんなセンターを動員して南相馬市などの支援を行っていますが、多くの施設はセシウムの使用権限など得ておりません。車で運搬するのも違反です。しかしながら、お母さんや先生方に（除染して出てきた）高線量の物を渡してくるわけにはいきませんから、すべてのものをドラム缶に詰めて東京に持って帰ってきております。こうした受け入れも法律違反です。すべて法律違反です。

このような状態を放置しているのは国会の責任であります。

全国には、国立大学のアイソトープセンターなど、ゲルマニウムをはじめ最新鋭の機種を持っているところがたくさんあります。そういうところが手足を縛られたままで、どうやって子供たちを守れるでしょうか。国民の総力を上げて子供を守らなければいけないこのときに、国会の完全なる怠慢であります。

国策として、土壌汚染を除染するために、民間の力を、技術を結集してください。東レだとかクリタだとか、様々な化学メーカー。千代田テクノルとかアトックスというような放射線除去メーカー。それから竹中工務店なども、放射線の除染などに関して様々なノウハウを持っています。こういうものを結集して、ただちに現地に除染研究センターを作ってください。

いまのままだと、何十兆円という金額がかかるだのと、利権がらみの公共事業になりかねないという危惧を、私はすごく持っております。国の財政事情を考えたら、そんな余裕はまったくありません。

どうやって除染を本当にやるか。7万人の人が自宅を離れてさまよっている時に国会は一体何をやっているのですか！

彼は現場に足を運んでいるのでわかっているのだ。

「いまのままだと、利権がらみの公共事業になりかねないという危惧を、私はすごく持っております」という発言は一瞬のことで、ほとんどの人はその真意に気づかなかっただろうが、現場にいる者たち、そして行政の担当者たちはみな「あ、この人はわかっているんだな」と気づいたはずだ。

除染は必要なものからピンポイントで的確にやる。薄い汚染で済んでいる山林を皆伐するなどというのは、新たな利権絡みの公共事業だと見抜かなければならない。

怖いのは空間線量の数値ではない。内部被曝の可能性だ。

微量であっても、プルトニウムやストロンチウムが体内に入れば致命的なことになりかねない。それなのに、これらの核種がどれだけ拡散したかについてはほとんど調査がされていない。調査するには高価な機材と時間が必要だからだ。きっちり調べていけば、そのうち、とんでもない事実が出てくるのではないか。

緊急性ということでいえば、こうしたものに金を注ぎ込んで、実態を早く、かつ広域にわたって詳細に把握し、人々を内部被曝から守ることを優先させたほうがいい。

このままでは福島は、本当にいいようにむしられ、ますます汚されていく。

3・11以降まったく動かなかった風力発電

川内村は37基の大型ウィンドタービン（風力発電用風車）に囲まれている。

いわき市と田村市にまたがる滝根小白井ウインドファーム（ユーラスエナジー、2000キロワット×23基）と、田村市と川内村にまたがる檜山高原風力発電所（Jパワー、2000キロワット×14基）だ。

これに加え、前述のように、川内村の水源地である大津辺山、黒佛木山という2つの山の尾根に、さらに巨大な2500キロワット風車を26基建てるという「CEF福島黒佛木ウインドファーム事業」というのが計画されていたが、これは川内村村長の反対意見などにより止まっていた。

村長は「リスクが大きすぎる」と言っていたが、皮肉にも、それよりはるかに大きなリスクを抱えた原発が事故を起こし、川内村も巻き込まれてしまった。

さて、CEF福島黒佛木ウインドファーム事業計画は止まっていたが、滝根小白井と檜山高原の合計37基は完成し、3・11の地震前までは稼働していた。

しかしこの37基は、3・11以降、ピタッと止まってしまった。

巨大な風車群がピクリともせずに林立している光景はかなりSFチックだ。

原発が止まっているのだから、風力発電施設にはその分も頑張ってもらいたいところなのに、なぜ動かなかったのか？

風力発電事情に疎いかたたちには不思議かもしれないが、発電事業の裏まで知っている人たちには不思議でもなんでもない。

まず第一の理由は「停電」である。

滝根小白井も檜山高原も、当初は地元の東北電力に買い取ってもらうつもりだったが、東北電力はこれを拒否した。いつ発電するか、いつ止まるか予測のつかない不安定な電気を接続することは停電の危険を呼び込むことになるからだ。

「うちにはそんな余裕はありません」と断った。

そこで、東京電力が買い取ることになった。

東電が買い取るということは、原発と同じ東電の送受電網につなぐということだが、3・11で原発が止まり、広野の火力発電所（これも東電）も止まったから、福島県内にある東電の送電網には送るべき電気がこなくなってしまった。

原発と同じで、風力発電の風車は電気がないと動かせない。風車は風が吹いてくる方向に羽根（ブレード）を垂直に向けなければならないが、それを制御するためのモーターを動かすには電気が必要だ。方向制御をしなければ、ブレードは風に対して平行になってしまい、発電できない。

他にも、焼け付きを防ぐためのクーラーや、強風時に自動停止させるための装置もすべて電気がないと動かない。原発のように、電気が止まると爆発して放射性物質をばらまくということはないが、電気がないと動かない、という点では同じだ。

だから、本来は制御するための電気を確実に確保するために、原発同様、自家発電装置も用意しておくべきなのだが、コストがかかるという理由で用意していないウィンドファームも多い。

滝根小白井ウインドファームの停電は6月末くらいまで続いていたようだ。それまで夜間に点滅していた警告灯がすっかり消えていたことから推察できる。6月末になってから警告灯だけは点くようになり、その後、7月下旬になって少しずつ回し始めた。

ちなみに田村市には「星の村天文台」という東北有数の天文台があり、星空を観測できる施設として人気があったが、滝根小白井ウインドファーム、檜山高原風力発電所完成後は、山の稜線にずらっと並んだ風車の警告灯が点滅するため、天体観測環境は台なしになった。

停電が解消した後もなかなか発電させなかったのは、原発や火力発電が止まってスカスカになった送電網に不安定な風力発電の電気だけを送り込んでも、送電系を乱すだけでほとんど役に立たないからだ。

滝根小白井ウインドファームが動き始めた時期は、東電の火力発電所がほぼ全部復帰して発電量が回復し、逆に、電力不足に悩む東北電力に応援で融通し始めた時期と一致する。つまり、原発が全部止まっても、火力が復活した東電の発電量は、東北電力に分け与えられるほどあったのだ。

風力発電は風が吹かなければ発電しない。いつ風が吹き、いつ風がやむか、正確に予測することは不可能だから、計画的な発電ができない。原発のように一定の大出力がある場合は、そこに混ぜてしまうことによって「誤差の範囲」として対応できるが、風力発電からだけとなるとそうはいかない。ゼロか最大出力かわからないというやっかいなものを送電網につながないでやりくりする余裕など、放射性物質だだ漏れの1Fを抱えた東電にあるはずがない。

そんなわけで、発電の仕組みを少しでも知っている人たちは、震災後に長い間回らなくなった風車群を当然のこととして見ていた。

これが風力発電の実態であり、現実なのだ。

太陽がじりじり照りつけ、風がそよとも吹かない猛暑の日に、我々はたまらずエアコンを入れて作業をする。結果、電気の使用量が一気に上がる（業界でいうところの「サマーピーク」）が、そういう「いちばん電気が必要なとき」に風力発電は役に立たない。

逆に、夜中に強い風が吹くことがよくある。そんなとき、風力発電はじゃんじゃん発電するだろうが、夜中は電気が余っているので、いらない電気を強制的に送りつけられても送電系統制御システムにとっては迷惑でしかない。

出力調整ができない原発は昼も夜も同じように発電している。そのため、余った電気をせっせと使ってもらおうと、夜間電力による電気温水器だのエコキュートだのといったものを売るようになった。あれは原発の副産物といえる。

それでも夜間には電気が余ることがあるので、その余った電気で水を汲み上げて、電力需要の増える昼間に水力発電として足しにしようというのが揚水発電所だ。

滝根小白井や檜山高原の風力発電施設を活用しようとするならば、原発が止まって遊んでいるはずの揚水発電所に電気を送り込むことだろうか。

揚水発電を介せば、不安定な風力発電の電気をコントロールすることができるが、電気を使って電気を作るのだから、当然効率は悪い。

そんなものに手をかけているよりも、震災で止まった火力発電所を一刻も早く復活させることが重要だし、電力不足に対応するためには最新型のLNG（液化天然ガス）火力発電所を造ったほうがずっといい。

……と、僕がここで力説するまでもなく、電力会社はちゃんとわかっている。

東電の火力発電所は、5月15日に常陸那珂火力発電所（石炭火力・100万キロワット）が再開、広野の火力発電所（1～4号機は重油、5号機は石炭。総出力は380万キロワット）も止まっていた2号機、4号機が7月に再開した。

これに呼応するかのように、ようやく滝根小白井ウインドファームの風車も、少しずつ動き始めた。

わかっていない外野の人たちが、やれ風力だ太陽光だと騒ぐから面倒なことになる。

さらにわかっていない政治家が、「再生可能」エネルギーは全量高額買い取りだなどと言い出すから、それを狙って一儲けしようとする輩が現れ、世論をコントロールし、ますますやっかいなことになる。

風力発電の２０１０年度の新規導入量は前年度比で13％減、ピークだった２００６年に比べると約35％減にまで落ち込んでいる。理由のひとつは国からの補助金停止だ。風力発電所の建設費用の３分の１は国が補助していたが、２０１０年度から新規案件への適用を停止した。そこで、風力発電業者は、菅直人首相が執念で進めた「再生可能エネルギーの買い取りを電力会社に義務づける法案」の成立に望みをかけた（『日本経済新聞』「風力発電伸び悩み　昨年度、新設３年ぶり伸び悩み　補助金停止で新規減る」２０１１年６月17日）。

もうひとつ６月には、「風力発電訴訟で早大の賠償確定」という興味深い報道があった。

茨城県つくば市が、風力発電で作った電気を売って地域の活性化につなげようと、小中学校に風車を設置することを計画。その設計を早稲田大学が請け負い、２００５年に市内の19の小中学校に23基の風車を設置した。

ところがこれがろくに回らず故障だらけ。つくば市は環境省から交付された１億８５００万円を返還した上で、早稲田大学とメーカーに設置費用など約３億円の損害賠償を求めていた。

一審東京地裁では、早大の過失割合を7割と認定して約2億円の賠償を命じていたが、二審東京高裁は、つくば市にも「計画通りに発電できるかどうか、容易に疑問を抱けたはず」と一審とは逆に7割の過失があるとして賠償額を減額した。この判決を最高裁が上告棄却して確定した、というものだ（『朝日新聞』２０１１年6月11日他）。

平たく言えば、東京高裁と最高裁は、「ろくに発電できない風車を設計した早稲田大学も情けないが、こんな甘い計画がうまくいくわけがないことくらい、つくば市もわかっていたはずだ」と判断したのだ。

早稲田に限らず、大学にはこの手のプロジェクトであれば国から研究費が出る。自治体にも国から補助金が出る。そういう金（すべて税金）を分け合うことが目的化されてしまっているから、発電実績や効率は二の次ということになりかねない。

これは「原子力ムラ」の構図とまったく同じだ。

ちなみにこの事件について、つくば市の教育長は市議会の答弁でこんなことを言っている。

「なぜ、どうして、ということが科学教育、環境教育、エネルギー教育では大事なこと。そういう意味では、風車が回ろうが回るまいが、非常に価値ある投資だった」

「科学の世界は失敗の積み重ねで成り立ってきている。あと１００年、２００年経てば化石エネルギーはまったくなくなってしまう。子供たちに、いまどんなエネルギーが必要なのかと問えば、必ず風車とか太陽エネルギーと答える。それを、つくばではいち早く子供たちに動機付け、モチベーションを高めた。そういうことを考えれば、税金の無駄遣いではなく価値ある投資だっ

た」（『常陽新聞』２０１１年6月10日）

つまり、子供たちに風車や太陽光発電こそが救世主なのだという刷り込みをすることが大切で、そのために税金を使ったのだから価値がある、と、公然と言ってのけたのだ。

逆だろう。

風力発電などで簡単に電気が得られると思ってはいけませんよ。実際にやってみれば、風が吹かない日は電気が作れないし、ちょっとしたことで故障もする。修理代を出したら発電コストが大幅赤字になってしまうので修理も諦めなければなりませんでした。考えるのとやってみるのとでは大違いですね。いい勉強になりましたね。

……そういう実際的な教育の教材としては役に立った。

図5-2　小学生のためのエネルギー副読本　わくわく原子力ランド　文科省、経産省資源エネルギー庁

しつこいようだが、つくば市教育長の言葉をもう一度取り上げる。

「子供たちに、いまどんなエネルギーが必要なのかと問えば、必ず風車とか太陽エネルギーと答える。それを、つくばではいち早く子供たちに動機付け、モチベーションを高めた。そういうことを考えれば、税金の無駄遣いではなく価値ある投資だった」

まったく同じことを、国は今まで原発推進のためにやってきた。

原子力はクリーンで安全で必要なものなのだという刷り込みをするための副読本を全国の小学校に配っているのはその典型だ（図5－2）。

こうして、人々は自分の頭で考えることをせず、刷り込まれたことを「常識」として蓄積してしまう。こんなに怖いことはない。

風力発電に期待をかける人たちは、早稲田が設計した風車が欠陥だっただけで、風力発電そのものは大いに期待できると反論する。

そういう人たちには、是非、日本全国の商用風力発電施設の発電実績を調べてほしい。

とは言っても、簡単にはデータを入手できない。なぜなら、どの企業も発電実績を「企業秘密」として公開しないからだ。公開できないほど惨憺たる状態なのだ。

横浜市はハマウィングという風力発電施設を運営している。２００７年に竣工した。１９８０キロワット、デンマークに本社のある世界最大手のひとつであるヴェスタス社製の風車で、首都高湾岸線を走っていると嫌でも目に入る。

自治体は税金を使って風車を建てているから、発電実績公開の義務がある。

図5－3は、このハマウィングが1日の間にどの程度の発電をしているかを時間別に記録したものだ。

このグラフでは、２００７年4月1日、7月1日、10月1日、２００８年1月1日と、3ヵ月おきに各月の1日を抽出している。

これを見てまずわかることとは、定格出力１９８０キロワットといっても、その最大出力を得られている時間はないということだ。４月１日未明（真夜中の1時過ぎ）に突出して発電量が多くなっているが、この極端なピークでさえ、９８０キロワット程度で、定格出力の半分にすぎない。その他、ほとんどの時間帯では、０〜２００キロワットあたり、あるいはせいぜい５００キロワ

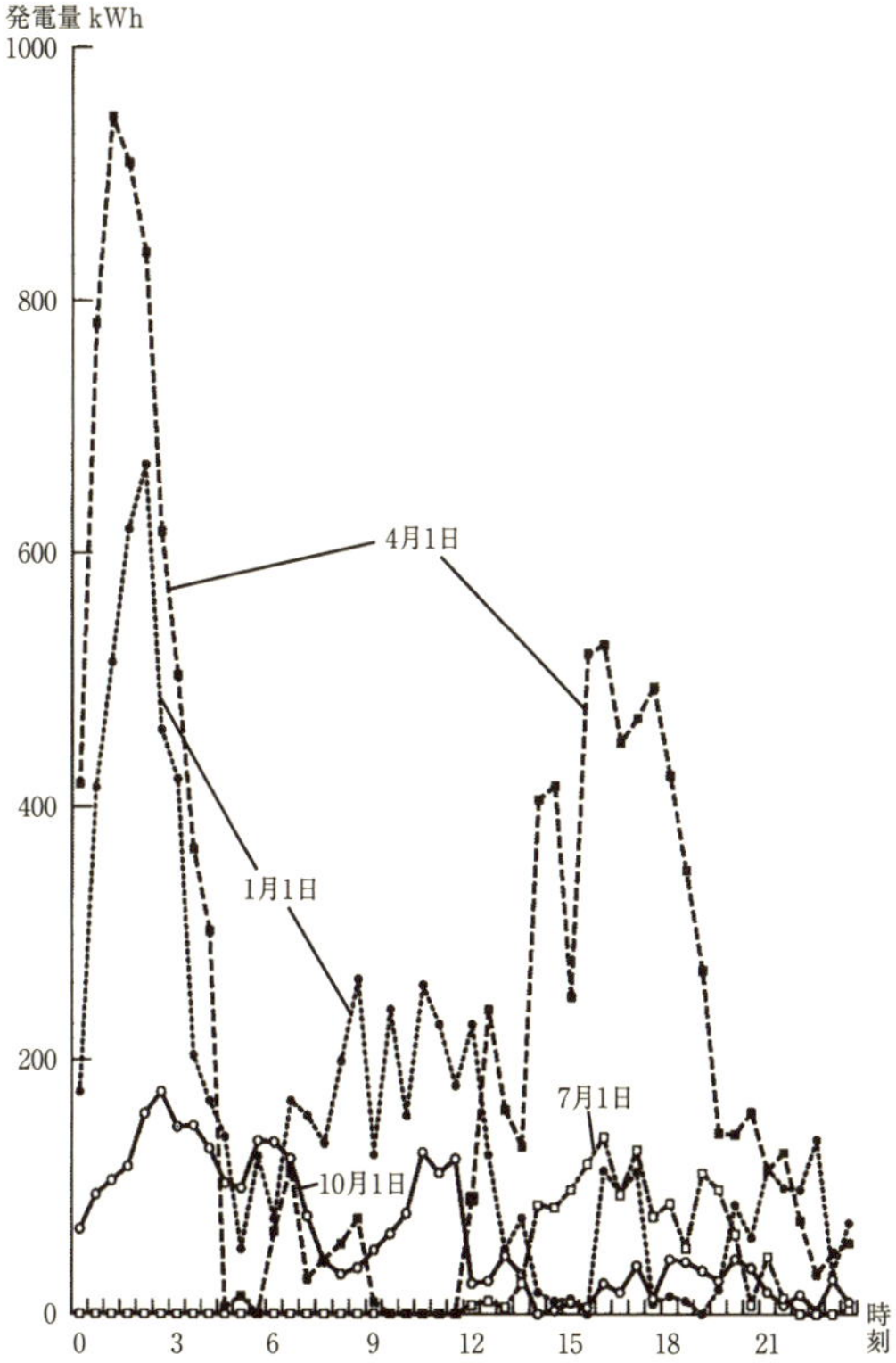

図5-3　ハマウィングの出力変動グラフ
（鶴田由紀『ストップ！ 風力発電』アットワークスより）

ットを一時的に突破している程度だ。

4月1日の突出した発電ピークは夜中の1時過ぎから明け方4時くらいだが、言うまでもなく、この時間帯は1日のうちで最も電力需要がない。原子力発電以外を止めてもまだ夜間電力が余るので、原発からの電気を揚水発電に回しているという時間帯。電力があり余っている深夜の時間帯に突然風力から電気が送られてきて、それを高額で「買い取らなくてはいけない」という状況が、どれだけ電力供給システムにとって迷惑なことか、あるいは不健全なことか、誰でも簡単に理解できるはずだ。

どの日も、出力変動幅が大きく、しかもめまぐるしく変わっている。これほど激しく変化する風力発電の出力に合わせて、他の発電設備（主に火力）を細かく調整することは無理だから、結局は火力発電は風力からの電気がゼロ状態に合わせた形で常に稼働していなければならない。

最新型の大型火力発電は最大出力で動かしているときが最も燃費がよい。無理に出力を下げると燃費が悪くなり、資源の無駄遣いになる。

そのため、出力変動が激しい風力からの電気が大量に入ってくると、化石燃料が余計に使われてしまうことになる。

これは技術改良でどうこうできるものではない。風力や太陽光など、お天気任せで発電しているシステムが持つ根本的な欠点だ。スマートグリッド（次世代送電網）だの蓄電池だので解決できると主張している人たちは、風力発電に期待したいあまりに、現実を冷静に見ていない。

風力発電施設の発電実績データを開示すると、この基本的な問題が歴然としてしまうため、各風力発電業者はデータを表に出そうとしない。

ハマウィングは公営なのでデータを隠せないはずだが、その後、東京新聞の取材班が横浜市に「ハマウィングの発電実績データを見せてほしい」と要望した際、「発電量が目標に達しておらず、議会で追及されてしまう恐れがあるので公開したくない」と拒否してきたという（『東京新聞』2009年10月8日）。

青山高原にウィンドファームを建設した株式会社シーテックの担当者などは、立地自治体に対して「風力発電は発電しなくてもいい。補助金がいただけるから作る」と公言してはばからない（武田恵世『風力発電の不都合な真実　風力発電は本当に環境に優しいのか？』アットワークス）。

そもそも、人口密度が高く、山が多い日本には風力発電適地がほとんどない。水源涵養保安林や国定公園内の規制まで反故にして無理矢理建てた結果、周辺住民に重篤な低周波健康被害を与えたり、取り返しがつかないほど自然環境を破壊したりといったダメージを与える。

他にも、日本の風力発電がいかにひどいかを示す実例やデータは枚挙にいとまがないのだが、きりがないので本書ではこのへんにしておこう。

最後にひとつだけ、重要な視点を提示しておきたい。

前出『風力発電の不都合な真実』のあとがきに、こんな一節がある。

この問題で注意したいのは、最初は悪意を持って風力発電を進めた人はおそらくいなかったであろうということです。化石燃料を使わない自然エネルギーとして誰もが期待したものだったのです。

それがなぜこれほどの惨状を招いているのか？　問題点がわかった時点で、素早く適切な対応をしなかったからだと言えましょう。

そして、手厚い、ノーチェックの補助金政策、優遇政策がなされるとともに、それだけを目当てに成り立つ産業構造ができあがってしまいました。産業として補助金なしで成り立つように育成するための補助金であるはずが、補助金がないと成り立たない産業構造を造ってしまう従来の失敗がまたしても繰り返されました。

特別会計によるノーチェックの補助金制度は、全廃するべきです。

また、この風力発電の問題は、住民合意のあり方、環境影響評価のあり方、補助金政策や優遇政策のあり方など、国の民主主義や政策の問題点の縮図でもあります。（略）

今度こそ、風力発電の問題だけにとどまらず、民主主義や政策の根本を改めないと、同じような問題が今後次々に起こってくるでしょう。この問題をきっかけに、今度こそなんとか改めていきましょう。


これを読んで、おや？　と気づいた人は多いはずだ。

そう、原発を推進してきた図式とまったく同じなのだ。

この文章の「風力発電」を次のように「原子力発電」に置き換えてみればよくわかる。

この問題で注意したいのは、最初は悪意を持って原子力発電を進めた人はおそらくいなかったであろうということです。化石燃料を使わない未来のエネルギー産業として誰もが期待したものだったのです。

それがなぜこれほどの惨状を招いているのか？　問題点がわかった時点で、素早く適切な対応をしなかったからだと言えましょう。

そして、国策として強引に進められ、数々の優遇政策がなされるとともに、それだけを目当てに成り立つ「原子力ムラ」という官産学複合体構造ができあがってしまいました。

原子力発電の問題は、住民合意のあり方、環境影響評価のあり方、補助金政策や優遇政策のあり方など、国の民主主義や政策の問題点の縮図でもあります。

今度こそ、原発の問題だけにとどまらず、民主主義や政策の根本を改めないと、同じような問題が今後次々に起こってくるでしょう。この問題をきっかけに、今度こそなんとか改めていきましょう。

この本は1F事故以前に書かれているから、著者の武田氏は1Fでの阿鼻叫喚を知ってこう書いたわけではない。それなのに見事なまでに原発問題の本質がここに書かれている。

原発反対ではなく、風力発電を国策として無理矢理推し進めることの間違いを説いている本であるのに、だ。

3・11以降、反原発を叫ぶ運動家たちや「再生可能エネルギー推進」を訴える人たちが活発に動いている。しかし、その中には、遺伝子や癌細胞発生の原因について滅茶苦茶な説明をして聴衆をいたずらに恐怖に陥れたり、「すべての電力は再生可能エネルギーでまかなえる」などと根拠のない希望を持たせたりといった、あまりにも「非科学的」で無責任な言動を繰り返す人が少なくない。

これでは第二、第三の原発問題が出てくるだけだ。

いま、この国がエネルギー政策としてすぐにやらなければならないことは、次の3つだ。

①核燃料サイクルという幻想をきっぱり捨てて、巨額の国費投入をやめること。
②発電送電事業を分離させ、10電力会社の独占利権を解体させること。
③危険度の高いものから早急に原発を止め廃炉処理に移行すること。

もちろん、1Fの危険すぎる状況を一刻も早く落ち着かせることに全力を注入しなければならないことは言うまでもない。1号機から4号機まですべて、放射性物質を閉じ込める壁がもはや存在していないのだ。爆発が起きなくても、何かの拍子にまた大量の放射性物質が漏れ出したら、もはや日本は二度と立ち直れなくなるかもしれない。

その可能性は大きい。政府はそれをわかっていないように思える。いまは生きるか死ぬかの瀬戸際なのだ。

これらの問題を解決する前に、「再生可能エネルギー全量高額買い取り」などという政策をごり押しするのは、なけなしの食費で必ず破れる金魚すくいの網を買うようなものだ。

あるいは、隣家が燃えているのを見ながら、一家揃って明日の晩飯のおかずについて論争しているようなもの、と言ってもいい。まずは国が生きるか死ぬかの危機をどう終息させるかを考えるのがあたりまえだろうに。

太陽光や風力で作った電気は無条件で全量高額買い取りしますよ、という法律が成立したら、そのビジネスに乗り出した企業や投資家たちは絶対に損をしないことになる。国民の税金を使って、本来成立しない事業で金儲けできるのだ。

ソフトバンクが本当に「日本のため」に動きたいというのであれば、発電事業ではなく、送電事業を引き受けるべきだろう。採算を取るのが難しい送電事業をうまく再編成できれば、電力自由化が進み、日本の国益につながりうるのだから。

そうではなく、国民に妄想を抱かせ、税金を投入してもらうことで、自力では到底やれない発電事業で損することなく儲けようなどというのは、詐欺以外のなにものでもない。

郡山市在住のコピーライター逢坂龍さんが、ミクシィの中でこんなことを書いていた。


　一縷の望みは、私のような外野の人間（すなわち、無自覚に、括弧つきの繁栄を貪ってきた多くの人々）にも、震災、あるいは原発事故以前にはなかった「何か」が生まれているに違いない、という希望的観測です。

　もっとも、その「何か」は、誰かが意図的にある方向を示せば容易にそちらへなびくほど、混沌としています。

意図的にある方向を示せば容易にそちらへなびく……原発の出発点がまさにそうだった。そしていま、新エネルギー、再生可能エネルギーと呼ばれるものへと、同じ構図の過ちが繰り返されようとしている。

そもそも、「再生可能」なエネルギーなど存在しない（熱力学第二法則）のだから、名称からして詐欺である。どうしても名前をつけたいなら「税金投入エネルギー事業」とでもすべきだろう。

これだけの被害、打撃を受けたのに、そこから何も学べないで同じ失敗を繰り返すほど悲しいことはない。

本当に、今度こそなんとか「税金で儲ける」という利権集団の腐った連鎖を断ちきらないと、この国に未来はない。

「正直になる」ことから始める

マスコミは常に何かひとつの方向に世論を形成させるよう動き続けていないと不安なのだろうか。

震災後、3月は「大丈夫」「必要以上に恐れる必要はない」というパニック回避一点張りだった。4月には一転して東電や政府の責任追及に動いた。5月は菅降ろし。そして6月以降は再生可能エネルギー賛美。

その場その場で騒ぎ立てているが、腰が据わっていない。

こうなったら、せめて余計なことはしなくていい。政治家や企業経営者たちを「正直にさせる」こと、そして自らも「正直になる」ことだけに集中してほしいと思う。

しかし、これだけ嘘に満ちた現代では、「正直になる」ことこそがいちばん難しいことなのだろう。

2011年7月11日、自民党の「総合エネルギー政策特命委員会」（第3回・山本一太委員長）というものが開かれた。

言うまでもなく、原子力政策は自民党が与党だった時代に進めてきたものだが、それが正しかったのか検証しようという目的らしい。

講師として招かれたのは、細田博之、野田毅、甘利明の三代議士と川口順子参議院議員。

彼らは口々に過去の自分の行動を正当化した。

「安定性とコストの面から考えれば、原子力しかなかった」（野田毅元自治相）

「過去を正当化する必要はないが、原発をすべてやめてしまえというのは感情的で適当ではない」（細田博之元官房長官）

「私が経産相の時には、できることはできる限りやっていた」（甘利明元経済産業相）

（以上、同日夜の「時事ドットコム」の記事より）

各講師の話が一段落したところで、自民党の中でただひとり、以前から原子力政策に異を唱えている河野太郎議員が次のような質問を繰り出した。

①最終処分のための法律は、使用済み核燃料を全量再処理することになっている。毎年出てくる1000トンの使用済み核燃料に対して、再処理工場の能力は800トンしかない。また、国内で再処理されて出てくるプルトニウムはもんじゅの燃料として使われることになっているが、もんじゅは動いていない。なぜ、つじつまが合わないのに自民党は、全量再処理の法律を制定させたのか。

②なぜ、自民党は、あれだけの反対の中、保安院を経産省の下に設置したのか。

③なぜ、自民党は、すべての環境法令について原発を適用除外にしたのか。

④なぜ、自民党は、処理できない使用済み核燃料や高レベル放射性廃棄物を出す原発が、単に二酸化炭素を出さないというだけの理由でクリーンエネルギーと呼ばれるのを認めてきたのか。

⑤昭和47年に通産省と環境庁の間で結ばれた国立公園内の地熱発電の開発の凍結に関する覚書は今日現在有効なのか。もし有効だとしたら、なぜ、自民党はこの覚書を無効にしなかったのか。

⑥なぜ、これまで電力の質に関する議論が行われてこなかったのか。どこどこの企業の製造する半導体関連のなんちゃらの部品は、日本の電力の品質がなければ製造できない等という発言が最近も自民党の会議のなかであったが、そのような電力を必要としているのは産業界でも極

めて限定的であり、本来、それはその事業者が自ら調達すべきものであり、一部の限られた事業者のみが必要としている高品質の電力をすべての消費者に高価格で供給することはおかしいのではないかという議論に、なぜ、ならなかったのか。

⑦電力業界が一部、自由化されたという建前のせいで、総括原価の内容や原発のコストなど重要な情報が「企業秘密」ということになり、非公開になった。なぜ、自民党は、こんないい加減な電力自由化を認めたのか、なぜ、自由化を口実に必要な情報を隠すことを許してきたのか。

（以上、河野太郎議員のブログ「ごまめの歯ぎしり」より）

……この内容の一部はまだ「再生可能エネルギー」業界にうまく誘導されている感があるが、大筋では極めてまっとうな質問だ。

特に、核燃サイクルをただちにやめなければ日本の将来はないという危機感を持っていることは正しい。六ヶ所村の再処理施設を本格稼働させたら最後、日本のエネルギー事業は致命的な負の遺産を背負い込む。いまはまずなにがなんでもあれを止めることだ。

あの施設をこれから先、どのように使うかは、凍結した後でじっくり考えればよい。一度再処理を始めてしまうと施設内が汚染され、転用が利かなくなる。

河野氏によれば、3・11以前は、こうした質問をしても、「ではこれで会議を終わります」と一方的に打ち切られたという。

この日の質問では、細田氏が「反省だけしていても仕方がない。いまの政府を追及すべきだ」と反論してきた。

この問題で民主党政権を追及したところで「それはあんたらがやってきたことでしょう」で終わりになることくらい目に見えている。

結局、政治の世界においては、何の進展も展望も見えてこない。

政治に過去の反省など期待できないことはわかっている。では、せめて今後のことに対して「正直に」なれるのか。

河野議員は同ブログで、この日、東電の賠償に関する経産部会の勉強会終了後、西村康稔《やすとし》経済産業部会長に呼ばれて話をした、と書いている。

それによれば、自民党内では、額賀福志郎・原発事故被害に関する特命委員会委員長、梶山弘志・同事務局長、西村経産部会長のいずれもが、東電の破綻処理はせざるを得ないという点で一致しており、即時破綻処理か、何らかの前処理をしてからの破綻処理かという点での議論が残っているだけだという。

経営陣と顧問の総退陣、株式の100％減資、金融機関の貸し手責任の追及が必要だという認識も一緒だというが、どうなることか。

フランスでは「無生物責任」という法律概念が定着している。

「およそ物・装置を保管する者は、損害発生においてその物・装置が介在しているということだけで、介在の様態にかかわらず損害賠償責任を負う」というものだ。

加害者たる者は故意・過失がなくても、損害賠償の責任を負わなければならないという「無過失責任」の概念も同様だ。

この考え方に従えば、福島原発の事件においては、津波が想定外だったかどうかなどという議論は意味がない。一義的に運営責任者たる東京電力が損害賠償責任を負うのが当然ということになる。

しかし、日本ではとかく、誰が悪かったのか、という責任論が中途半端にかわされるばかりで、最後は税金を投入して形だけの賠償をやったことにしてしまう。その間、補償されるべき被害者は救われないまま寿命が尽きて死んでしまう。

それでは困るのだ。

今回の事故が与えた損害への補償(無論、金で償えない損失・ダメージのほうがはるかに大きいのだが、まずは金で償うとして)は、東電が丸裸になるまで東電の資産売却によって行うべきだ。発電に不要な資産を売却するのは当然だが、そんなものでは到底足りない。発電・送電設備も売る。

発送電設備を買う側は、それによって儲けが出るという計算で買うのだから、発電、送電は設備を買い取った側が続けることになる。東電がつぶれても電気が作れなくなるわけではない。

経営陣がゼロ給与状態になり、資産・設備をすべて売り尽くし、完全な丸裸になっても補償しきれない状態になった時点で、国が補償の続きを行う。

そのときには東電という企業は消滅しているが、これだけのことを起こしたのだから当然のことだ。原発が万一事故を起こせばこうなるのだということを他の企業にも肝に銘じてもらわないと困る。

以上、簡単なことなのだが、それをやってこなかったのは、税金投入という詐欺ビジネスで私腹を肥やす人たちが政治や情報をコントロールしてきたからだ。

嘘をつき続けるには金がかかるが、その金も税金でまかなわれてきた。

原子力発電に投入されてきた税金の用途名目は「原発推進」ではない。環境保全、自然保護、教育、研究援助といった様々な名目で巧妙に使われてきた。グリーンなんとか、エコなんとか、クリーンなんとか、次世代技術なんとか……そういう名称のプロジェクトの多くが、原子力ムラという利権集団の原資になっていた。

発電事業に税金を投入せず、電力会社にすべての費用と義務を負わせれば、電力会社は原発という割に合わない発電方法を選択することはない。デモや訴訟などしなくても、自然に消滅してくれる。

つまり、諸悪の根源は税金であり、税金を勝手に使えると思いこんでいる政治家や官僚たちの資質の低さをなんとかしない限り、問題は永遠に続く。

資質の低さを物語るものはいくつもある。「地下原発議連」などは、格好のバロメーターと言えるだろう。

能力のない老人を再教育するのは無理だから、それよりは、頭はよくても心が腐っている官僚に良心を取り戻してもらうほうが、まだ可能性はあるかもしれない。

そのための具体策は、まずあらゆる現場で「タブー」をなくしていくことだ。経産省の中には、核燃サイクルなど無理だとわかっている人たちはたくさんいるが、それを言ったら消されることがわかっているから動かない。こうした環境を変えていければ、まともに働く官僚はたくさんいる、と信じたい。

素人である我々が発電方法を考える必要はない

国による税金投入がないとなれば、東電の原発資産を買い取る企業は現れるはずがない。もちろん、他の設備も、コストパフォーマンスの低いものは買い取らない。これこそ健全なことだ。発電の方法はすべて企業に委ねればよい。

くどいようだが、ここで重要なのは、国が金を出さない（税金を投入しない）ことだ。国がやるべきことは、企業（電力会社）に公害発生を起こさせず、徹底的な安全対策をさせること。安全対策義務違反を厳しく罰し、毒物・処理困難物の発生にもしっかりと罰則や税金をかける。不正を行った企業は容赦なくつぶす。

企業は儲からないことはやらないので、事故や公害発生の代償としての罰則や税金がそれより大きければ、手抜きせず、金をかけてしっかり運営する。

これが健全なビジネスの姿だ。

いかに安全で、安く、環境負荷の小さな発電をするかは、電力会社が考えればいいこと。彼らは「本当のこと」を知っているのだから、安全・コスト・環境負荷のバランスにおいて、その時代・状況にいちばん合った発電方式が自然に定着する。よりよい発電方法はないのか、よりエネルギー効率を上げる技術はないのかと、必死に考える。

政府が発電方法を考える必要はない。素人である国民も発電方法を考える必要はない。

我々は新幹線や飛行機に乗るが、その技術開発やコスト計算のことを考える必要はないし、そもそも門外漢にわかるはずもない。

ところが発電のこととなると、なぜかみんなああしろこうしろと主張する。そのこと自体が、大がかりな詐欺に取り込まれていく危険性を暗示していると気づくべきだ。

税金投入による巨大利権ビジネスを正当化させるために踊らされているのではないかと疑うべきだ。

多くの人は「どうやって発電するか」（発電機を動かすためのエネルギーを得る方法）という問題しか考えていない。それも重要だが、もっと根源的な問題は「電気をほしいときに発電できるのか」ということ。

発電量や発電する時間を制御できるかどうかで分類すると図5－4のようになる。

Aのタイプ（発電を始めたら止めるまで一定出力で発電し続ける発電方式）は止めたらもったいないので、常に「ベース電力」として計算される。基本的に止めるときは故障や定期点検のときだけだ。

これで足りない分をBとCのタイプで補う。

しかし、Cのタイプは発電量や発電する時間は人間ではなく天候が決めるので、必要なときに

A　発電したら一定出力（エネルギー投入部分が一定）
……地熱、原子力、流水型水力（渇水時はこの限りではない）

B　制御可能（発電したいときに発電したい量を発電できる）
……火力（燃料があれば常に制御可能）、貯水型水力（制御可能だが、渇水すれば発電できない）

C　制御不能（いつ、どれだけ発電できるかわからない）
……風力、太陽光

図5-4

必要な量の発電をするという基本的な制御ができない。

Cのタイプだけで100％発電するなどということは理論的、科学的に考えてありえない。無理矢理、Cのタイプの発電だけで全発電量をまかなおうとするなら、蓄電システム（揚水発電所や蓄電池）を組み合わせて一定出力に変換することが必須となる。

しかし、蓄電池や揚水発電はコストがかかり、大変なエネルギーロスが出る。

揚水発電は原発と組み合わせて使われるが、いわば「電気で電気を作るシステム」だ。原発は電力需要が少ない夜間にも昼間と同じ出力で発電し続けるために、発電量が余ることがある。その余った電気を捨てるのはもったいないから、電気で水を汲み上げておき（電力→位置エネルギーへの変換）、電力需要が上がった時間帯にダム型水力発電として使う（位置エネルギー→電力への再変換）、というもの。当然、エネルギー効率はがくんと落ちる。

風力発電と組み合わせられるNAS電池（ナトリウム・硫黄電池）は、液体ナトリウムを使うため、常時ヒーターを用いて摂氏300度という高温に保つ必要がある。

電池を使うためにも電気を使うわけで、停電すれば使えないし、電池というものの根本的な宿命としてロスが大きい。風力発電のように、もともと発電効率が悪い発電プラントに接続して使えば、投入エネルギー（蓄電池を製造するエネルギーや蓄電池を維持するためのエネルギーなど）に対して蓄電池から取り出せるエネルギーのほうが小さいということもありえる。これでは何のための発電かわからない。

こうした基本的なことさえ理解しないまま、太陽や風は自然のエネルギーだからクリーンだ、と賛美するレベルで一般素人がエネルギー論議に参加すると、頭のいい連中にいいように利用され、税金を食い物にした新たな利権ビジネスを生み出す援護射撃になりかねない。

1日5500万円かけて危険を作り続ける「もんじゅ」

NAS電池に使われている液体ナトリウムは、高速増殖炉「もんじゅ」の冷却剤としても使われている。

ナトリウムの融点は摂氏約98度、沸点は約880度。「もんじゅ」では約200〜530度で使われている（日本原子力研究開発機構WEBサイトの解説「もっと知ろうナトリウム」より）。

しかし、高温で扱うために漏洩や火災などの事故がつきもので、もんじゅでも1995年12月に、配管から約640キロのナトリウムが漏出する事故を起こした。

この事故後、もんじゅは運転休止に追い込まれていたが、4回の再開延期を経て、保安院、原子力安全委員会が２０１０年3月に安全だと判断。事故後14年半経った同年5月6日に運転を再開した。

ところが、運転再開から半年も経たない２０１０年8月26日、今度は炉内の中継装置（直径46センチ、長さ12メートル、重さ3・3トンのパイプ状）を原子炉内部に落とすという信じられない事故を起こす。

10月4日と13日に、合計24回以上の引き上げ作業を試みるも失敗。

炉内はアルゴンガスや不透明なナトリウムが充満していて落ちたパイプを見ることができない。その後の調査では、落下の衝撃で接合部が変形しており、この接合部が引っかかって抜けなくなっていたらしい（『毎日新聞』「『もんじゅ』：誤落下、中継装置抜けず　運転休止長期化も」２０１０年10月14日）。

放射性物質が充満している原子炉内に3・3トンの金属パイプを落としてしまい、引き抜くこともできないというお粗末ぶりも信じられないが、もっと信じられないのは運営している日本原子力研究開発機構（ＪＡＥＡ）や保安院、政府の能天気ぶりだ。

ＪＡＥＡは10月1日の中間報告では「落下による影響はない」と強弁。

引き抜きに失敗し、接合部が変形していることが明らかになった後の10月15日、福井県原子力環境安全管理協議会で、委員から「炉内の傷の有無はどう確認するのか」という質問が出た。これに対してもんじゅの向和夫所長は、「物理的に、装置は真っすぐ落ちており、炉内や燃料にぶつからない」と強弁した（『福井新聞』「『もんじゅ』、国の管理不備指摘　県安管協、炉内装置落下で」２０

10年10月16日)。

落ちた装置が変形しているのに、炉内が無傷だと言い張る人間が所長に収まっているのだから恐ろしい。

この装置は、2011年6月24日にようやく「燃料出入孔スリーブ」ごと引き抜くという荒技で取り出すことができた。

その後の点検で、ジョイント部のピンが切断されていることなどが確認され(7月12日JAEA発表資料「もんじゅ炉内中継装置本体の分解点検の終了について」)、原子炉内に機器の破片が残っている可能性が指摘されている。

この一連の撤去作業にかかった費用は約17億5000万円(『毎日新聞福井版』「もんじゅ：落下装置撤去完了　弱点露呈　復旧費用17億円、工事に10ヵ月」2011年6月25日)。

この事故が起きなくても、停止中の維持費が1日5500万円(『朝日新聞』「もんじゅ再開、12年にずれ込む恐れ　存廃論議再燃か」2010年11月18日)と報じられている。

これだけ莫大な税金を注ぎ込み、日本どころか、世界中を大放射能汚染地獄に巻き込むかもしれない危険をわざわざ作り出し、処理できない放射性物質を大量製造しようとする。

高速増殖炉計画はあまりにも危険なため、原発大国フランスやアメリカでさえ断念している。いまだに進めているのは日本だけだ。

その日本の技術力や運営能力がどれだけのものかは、「フクシマ」ですでに世界に証明済みだ。

もんじゅではプルトニウムを燃やしている。過酷事故が起きたときの悲惨さは、フクシマの比ではない。

震災前にリレースイッチの誤作動ですべての外部電源喪失をしていた福島第一2号機。地震も起きないのに配管の蓋が外れ、細管が簡単に破けて炉心（！）に海水が入り込んだ浜岡5号機。3トン以上の金属パイプ装置を炉心（！）に落としてしまったもんじゅ。

日本が3・11まで過酷原発事故を起こさずに済んでいたのは奇跡かもしれない。

裸のフクシマ

悲しいことだが、土、水、空気の安全を奪われて裸にされた福島を、金で完全に「補償」することはできない。金でできるのは、人々の苦痛をいくらか軽減することだけだ。

いま、福島では、鶏1羽に対して何百円とか、田圃1反に対して何万円とか、数値化ができそうなものを巡って泥沼の攻防が始まっている。しかし、こうした補償闘争に納得のいく決着などつくはずもない。

すでに、僕の周りでは何人もの人たちが喪失感に耐えきれずに心身の健康を失い、命を落としている。

精一杯補償させることはもちろん重要なことだが、それ以上に大切なのは、住民が生きる意欲や目標を見失わないことだ。

生きる意欲があるからこそ金も必要なのであって、楽しみのない人生にいくらかの金が落ちてきたところで、救いにはならない。

裸にされ、徹底的に汚されるまで、福島には原発絡みで莫大な税金が投入されてきた。

莫大な税金が投入されるということは、そこに莫大な利権が生まれるということだ。その利権を貪る者たちが、大規模な詐欺を「国策」という名のもとで進めてきた。


これは原子力発電に限らない。

川内村は戦前まで豊かな天然のブナ林に被われていたそうだ。

ジョンと散歩をしていたとき、立ち話をするようになった近所のおばあさんが自嘲的な笑いを浮かべて言っていた。

「その山もブナ林だったんだよ。でも、み〜んな金に換えて、食っちまった」

その言葉はとてもショックだった。

おばあさんが指さす山は、あちこち倒木が目立つ荒れ果てた松林になっている。松林の一部は伐採され、そこに何本もの鉄塔が建ち、東電の送電線が走っている。

僕らが初めて川内村に入ったとき、美しさに思わず歓声を上げた渓流は、いまは道路拡幅工事で無残に壊され、コンクリート護岸の真っすぐな川に変貌しつつある。

我が家の前の誰も通らない林道は何キロも先まで舗装された。そこをジョンと一緒に歩くと、道の端にイモリの子（変態直後の小さなイモリ）が点々と死んでいるのを見なければならなかった。

舗装工事のためにできた両側の縁石を登れず、「死の谷」と化した舗装道路で力尽き、干上がってしまったのだ。

アカガエルが産卵していた小さな沼も容赦なくつぶされ、コンクリートで固められた。工事が完成した後は、風で簡単に倒れる松の木が続出し、電線断線による停電が増えた。工事のための工事、税金を投入するための公共事業。

都会にいたときは見なくて済んだものを、ここで暮らしているとたくさん見てしまう。こういう方法ではなく、自分たちが自分たちの力で生きていかなくては未来はない。そのことに気づいて、頑張っている人たちもいるのに、なぜここではできないのか？

……ストレスがどんどんたまっていった果ての原発震災だった。

耐えられないのは、これだけ大きな代償を払いながら、同じことが、さらに加速した形で繰り返されようとしていることだ。

再生可能エネルギービジネスに税金を投入しろとか、原発をやめるためには電気料金の値上げが避けられないといった詐欺論法に、都会の人たちはまたもや簡単にのせられようとしている。

頑張ろう日本、ではない。変な方向に頑張ってもらっては、この国はどんどんひどいことになる。そうではなく、もう騙されるな！　日本、と言いたい。

裸にされた福島の地で、なお原発に頼ろうとする人たちがいることは驚きだ。

核廃棄物最終処分場の候補に名乗りを上げる町長がいたり、「除染」事業で出たセシウムたっぷりの土やゴミを埋める処分場を呼び入れることに「雇用が確保され、地域のためにもなる」と何の疑問も抱かずに賛成する住民がいることにも驚愕する。

丸裸にされていることに気づかないで、きれいな服を着ていると信じている。

裸にされても、誰かが新しい服を着せてくれると思い、じっと待っている。

もうきれいな服は望めないとわかると、汚れた服でもいいから着せてくれとねだる。

悲しい裸の王様たちの金勘定会議だけでは、裸のフクシマはいつまで経っても自分の力で歩き出すことはできないだろう。


ここまで見えてしまっても、僕は、福島を去る気には、なかなかなれない。

阿武隈の自然に惹かれ、今日もここで暮らしている。

この村は、近い将来、放射性物質のゴミ捨て場になり果てるかもしれない。

そうなっても、僕たちは生きていかなければならない。

村の友人たちも、育て上げてきた故郷を捨てなければならなかった葛尾村や飯舘村の人たちも、赤ペンで抗議文を書いた女の子も、みんなそれぞれに、自分にとっての「福島」——幸福な島をどこかに見つけ、そこに新たな根を張ろうとするだろう。

幸い、まだ命はある。

残りの人生、せいぜい楽しむぜ、という気持ちは失っていない。

かなり長いあとがき

一通り本書を書き終えたいまも、1Fでは放射性物質をこれ以上拡散させないための作業が続いている。

3月21日以降は、大きな漏れ出しはなかったようだが、「蓋をしていない」かつ「底が抜けてしまった」状態のままであることに変わりはない。

夏になって風が海側から吹くことが多くなったこともあって、ここ川内村では一時期より微妙に線量が上がっている気もする。

大きな爆発などはもうないだろうと願っているが、爆発がなかったとしても、放射性物質の大量放出はいつ起きてもおかしくない。

1Fで働く人たちからは、敷地内にあちこちにひび割れができていて、そこから高線量の蒸気が噴出しているなどという怪情報も届いている。

4号機は定期点検中だったため、炉心から燃料集合体が取り出されているが、燃料集合体を抜き出すためのクレーンなどが建屋の上に設置されているため、壁がなくなって強度が落ちた建屋の構造体がその重量に耐えきれなくなっているという。少し大きな揺れが来ただけで建屋全体が崩れ落ち、大量の燃料が沈んでいる燃料貯蔵プールごと落下して飛散する事態が起きるかもしれない。

1〜3号機はすべて、圧力容器に穴が開いていたり、パイプが破断していたりするので、何かの拍子に高濃度の放射性物質が一気に外に吹き出すかもしれない。颱風や大きな余震といった目立った要因がなかったとしても、放射性物質大量放出の可能性は常にある。3月15日の大量放出を上回る放出があった場合、そのときの気象次第では、首都圏が飯舘村並みに汚染される事態もある。

1、2号機の間にある排気筒付近で、毎時10シーベルト（＝1万ミリシーベルト＝1000万マイクロシーベルト）以上（測定値上限振り切れ）の放射線を測定したなどという驚愕の報道に接するたびに、心臓が縮み上がる気持ちだ。

何が起きてもおかしくない。どこにいれば安全だということも言えない。

そういう状況の中で、福島市、郡山市、二本松市などの住民は、今日も1マイクロシーベルト／時前後の環境で被曝しながら生活しているし、日本国中で少しずつ汚染された食物が消費されている。

高濃度に汚染された葛尾村や飯舘村などの人たちは、生きる基盤を奪われて故郷を後にした。必ず戻るという意気込みと決意には120％同調するが、実際には、僕らが生きている時間内に元の環境で再スタートすることはできないだろう。

富岡町や大熊町は、町そのものの復活が難しい。特別管理区域となり、一般の生活はできないエリアになるのではないか。

福島市や郡山市などの都市部は人口流出が止まらず、高齢化が一気に進むだろう。

この状態はすぐには終わらない。

日本人は、この現実を直視し続けなければならない。

なぜこうなったのか？

権力者が大金を投じて嘘で塗り固め、やってはいけないことを推進したからだ。

使われた金の原資は、税金や公共料金、つまり拒否することのできない金だ。

一度この仕組みができあがってしまうと、どんなに愚かなことであっても、おかしなことであっても、人々は受け入れざるをえなくなる。問題から目をそらし、徐々に考えることをやめてしまう。抗っても無駄だし、疲れるだけなのだから、考えないようにしたほうが幸せを維持できる。

ほとんどの人間はそう考え、摩擦を起こさない暮らしを送ろうとする。

僕もそうだった。


いまから20年前の1991年、僕は『マリアの父親』という作品で第4回「小説すばる新人賞」を受賞した。

この作品を書くきっかけとなったのは、当時はまだ活発に行われていた原発論争だった。

テレビ朝日の『朝まで生テレビ』で、原発の是非を巡る討論が2回行われたが、そこに反原発の論客として出ていた物理学者・槌田敦氏の『資源物理学入門』（NHKブックス）と、経済学者・室田武氏の『エネルギーとエントロピーの経済学』（東洋経済新報社）を読み、それまでもやもやしていた疑問が一気に解けた思いがした。

そうだったのか！　世の中はこうなっていたのか！

目から鱗が落ちるという経験はまさにあのときのことだった。

エネルギー問題は純粋な計算問題。取り出せるエネルギーより投入するエネルギーが大きければ意味がない。

例えば、水を電気分解して水素を取り出して、その水素を燃やしてエネルギーを得ることはできる。しかし、水素を燃焼して得られるエネルギーよりも、その水素を得るために水を電気分解するときに使うエネルギーのほうが大きいので、やる意味がない。そんなことをやるなら、水を電気分解するときに使ったエネルギーをそのまま使ったほうがいいに決まっている。当然、事業として成立しないから誰もやらない。

ところが、これを「水素はクリーンなエネルギーだから、高くついても水素エネルギーを推進することには意味がある」として国が税金を投入したとすれば、事業者は儲けを出せる。

ああ、そういうことだったのか……。

もうひとつ、重要なことを学んだ。

あらゆる活動は「汚れ」を生じさせ、無秩序や劣化という方向に進むが、その「汚れ」は増える一方であり、放っておけば減らない（「熱力学第二法則」別名「エントロピー増大の法則」）。

そのまま汚れを放置し、蓄積し続ければ環境全体が死を迎える。

生物はものを食わなくてもしばらく生きられるが、発汗や排泄機能を失えばたちまち死んでしまう。つまり、エネルギーを取り入れることよりも、エントロピーを捨てることのほうがはるかに重要なことである。

地球上の生命活動が続いているのは、活動によって生じた「汚れ」を熱に変えて宇宙に捨てる循環機構（水や大気の循環、食物連鎖による物質循環など）が存在しているからだ……という理論。

これは衝撃的だった。

なぜこんな重要なことを学校で教えてくれないのかと、慄然とした。

このことを理解しない限り、人間はこれから先も間違いを繰り返すだろう。

このテーマをエンターテインメントの形で扱えないかと考え、書いたのが『マリアの父親』だった。

人間が持っている3つの希望——知性、純真、愛情を3人の登場人物に託し、大人の童話風に仕上げるという野心的な作品だった。

『マリアの父親』の帯には、選考委員であった五木寛之さんが、

「作者の志というか、つよい情熱が伝わってくる」

という一文をくださった。

……が、この作品は売れなかった。

出版社の文芸担当編集者の中には「たくき　よしみつという新人は反原発の危険人物らしいか

ら、あまり関わらないほうがいい」などと言っている人もいたと、同賞の先輩受賞者から聞かされた。

担当編集者からは「経済のマイナス成長を肯定する作品だものねえ。うちとしても大々的に宣伝するわけにはいかないのよ」と言われた。

このままずるずると消されてたまるかと、その後も奮闘したつもりなのだが、気がつくと「小説を書いても出してもらえない作家」になっていた。

あの小説を書いたときでさえ「自分が生きているうちには起こらないだろう」と思っていた巨大原発事故が、20年経ったいま、現実に起きてしまった。

『マリアの父親』を拾ってくださった雑誌「すばる」の編集者・片柳治さん、「志を忘れずに書き続けろ」という手紙を遺言代わりに送ってくださった高校時代の恩師・井津佳士先生、いつまでも売れない僕に何かと目をかけてくださった作家の永井明さん、本当に食えなくなったどん底時代に仕事をくださった朝日新聞社の穴吹史士《ふみお》さん……なぜか『マリアの父親』以降、僕を支えてくださった恩人たちは、みな60歳前後という若さで癌で亡くなった。

残された自分はいま、放射能汚染され、癌のリスクが連日論じられている日本を見ている。

……これはどういう運命なのだろうか……。

とても不思議な気分だ。

生き残っている自分の中に、『マリアの父親』を書いたときの志がまだ残っているかどうか、自信はない。

もうひとつ個人的な話を。

明治時代、福島に鐸木《すずき》三郎兵衛《さぶろうべえ》（安政5～昭和6年）という政治家がいた。僕の曾祖父にあたる。彼は安政5（1858）年に宮城県刈田郡白石本郷（現白石市）に生まれたが、成人後、福島県福島町（現福島市）の豪商の家に養子入りして、代々続いた当主の名「三郎兵衛」を襲名した。

三郎兵衛が相続した資産は大変なもので、（本当かどうかわからないが）いまの福島駅前から県庁まで、他人の土地を踏まないで行けたという。

養子だったからなのか、もともとの性格なのか、三郎兵衛は自分が生きている間にこの資産をすっかり使い果たしてしまった。

福島の水道敷設事業、明治14年の福島大火の復興、東北本線開通に合わせた福島駅前の大規模開発、いくつもの学校・病院設立など、ことあるごとに私財を投じた。

そうして資産を使い果たした後、晩年は廃寺となっていた伊達の極楽院という小さな寺を隠居場にして引きこもり、俳句に興じながら死んだ。

おかげで子孫は無一文になり、僕の祖父（三郎兵衛の三男）などは、終戦直前に、「栄養失調」で死んだそうだし、父や叔父（三郎兵衛の孫）は、子供時代、親戚に預けられて肩身の狭い思いをしたという。

鐸木家の生き残りは、法事で集まるたびに愚痴る。「三郎兵衛が財産を少しでも残しておいてくれれば、こんな貧乏な人生を送らないでも済んだはずなのになあ」と。

僕はこの鐸木三郎兵衛という人物にとても興味を持っている。

今回の福島原発事故後も、何度も三郎兵衛のことを思った。

三郎兵衛がいま生きていたら、福島をどんな風に見るだろうか。

三郎兵衛は放射能汚染した福島を捨ててどこか遠くへ去っていっただろうか。

……いろいろ想像してみる。

で、同じことをいまの自分にあてはめてみる。

三郎兵衛のように、莫大な資産を継いでいたらどうだっただろう。その金を注ぎ込んで、福島の復興に尽力しただろうか？

いやいや、そんなことはないだろうな、と思う。

金を持っていたら、きっと自分の幸せのために使うだろう。

三郎兵衛も、おそらくそうした人間の本質を知っていたからこそ、養子に来て突然舞い込んだ資産を、意識して公的事業に使い切ったのではないだろうか。

僕は三郎兵衛のように財産を相続しなかった分、今まで自由に生きてこられた。

これはとても幸せなことだと思う。

この幸せを手放すつもりはない。

これからも、ひとりの自由な人間として、やりたいことをやるし、やりたくないことはやらない。

裸のフクシマに暮らす我々は、みんなそれでいい。サラリーマンも農家も商売人も原発作業員も、ひとりの自由な人間として幸せを追求する。それが基本だ。

こうしなければいけない、という縛りを作ったところで、いい方向に向かうとは思えない。一人一人がやりたいことをやる。やりたいことを持っている。生きたい人生をはっきり思い描ける。それこそが、フクシマを再生させる原動力だろう。

国や県が正しい誘導・指示を与えないどころか、重要な情報を故意に隠蔽し、誤った指示を乱発して住民にさらなる危険や苦しみを押しつけるということは、すでに身をもって学んだ。行政や権力としっかり対峙することは重要だが、助けを待っているばかりでは何も起こらないどころか、さらに悪い方向に進むかもしれない。

僕の頭の中では、「福島の梁山泊」を作るというイメージが膨らんでいる。

川内村だけでなく、阿武隈山系、特に南福島には汚染が軽度だった地域がある。地震に強いことも証明された。冷静に考えて、阿武隈の地は依然魅力的だ。

土は壊滅的には汚染されていない。原発から垂れ流される汚染水が逆流してくることはないから、水も安全だろう。低線量被曝は避けられないが、これはもはや首都圏はじめ、相当広域にわたって我慢しなければならないものになってしまった。福島であるというだけで生じるマイナスの風評は避けようがないが、それを逆にエアカーテンのように使って、邪悪なものを寄せつけない、自然豊かな桃源郷が築けないものか。

全国から、余生を楽しく生きたい元気な熟年家族が集まってきて、森と水に触れながらゆったりと暮らしていけたら素敵ではないか。

ここで作る米や野菜は、自分たちで安全を確認しながら、おいしく食べる。もちろん、内容を確認した上で食べたいという人たちには買っていただく。

自然を汚さないビジネスをどんどん発案し、日本だけでなく、世界を相手に商売をする。大儲けしなくてもいい。自分たちが楽しく生きていけるだけの「外貨」が稼げればいい。

一人一人がそんな気持ちで暮らし、活動し、つながっていった結果、阿武隈の自然と人間が今までよりも強く、美しく生き残れたらどんなに素晴らしいことだろう。

「そうだな。それがいちばんいいかもしれんな」

曾祖父鐸木三郎兵衛が生きていたら、そう言ってくれそうな気がする。

この「阿武隈梁山泊」という理想像をイメージしながら、裸のフクシマがどのように変わっていくのかを見届けてみたい。

いまは、そんな風に思っている。

2011年9月16日　川内村にて

たくき　よしみつ

裸《はだか》のフクシマ　原発《げんぱつ》30㎞《キロ》圏内《けんない》で暮《く》らす

二〇一一年一〇月一五日　第一刷発行
二〇一一年一二月一六日　第二刷発行

著者――たくき　よしみつ

©Yoshimitsu Takuki 2011, Printed in Japan

発行者――鈴木　哲
発行所――株式会社講談社
東京都文京区音羽二丁目一二―二一　郵便番号一一二―八〇〇一
電話　編集部　〇三―五三九五―三五二二
販売部　〇三―五三九五―三六二二　業務部　〇三―五三九五―三六一五

装丁者――倉田明典
印刷所――慶昌堂印刷株式会社
製本所――株式会社国宝社

本書のコピー、スキャン、デジタル化等の無断複製は著作権法上での例外を除き禁じられています。本書を代行業者等の第三者に依頼してスキャンやデジタル化することは、たとえ個人や家庭内の利用でも著作権法違反です。Ⓡ〈日本複写権センター委託出版物〉

複写を希望される場合は、日本複写権センター（〇三―三四〇一―二三八二）にご連絡ください。

落丁本・乱丁本は購入書店名を明記のうえ、小社業務部あてにお送りください。

送料小社負担にてお取り替えいたします。

なお、この本についてのお問い合わせは、現代新書出版部あてにお願いいたします。

定価はカバーに表示してあります。


ISBN978-4-06-217319-3　N.D.C.335　350p　19cm